普通高等教育“九五”国家教委重点教材

数论讲义

上册

第二版

柯召　孙琦　编著

U0891557

高等教育出版社·北京

内 容 提 要

本书是根据作者多年教学经验和科研成果写成的. 内容除通常的初等数论教材中所包括的基本内容外,还包括三次、四次互反律,代数数论初步,有限域上某些不定方程的基础知识,第二版中还增加了素性判别和整数分解等内容. 作者在介绍熟知的经典结果时,也注意介绍新的证明方法和近代进展,并尽可能介绍它们的应用. 本书第二版仍分上、下两册出版,上册前五章可作为初等数论课教学内容,上册第六章及下册可作为选修课教学内容.

本书可供数学专业、计算机专业及信息安全、数字信号处理、组合数学方面的学生和研究生用作教材或参考书,也可供从事上述这些方面的教学、科研人员参考.

目　　录

第二版前言

本书自1986年出版以来，数论从理论研究到实际应用，都有重要进展. 例如，1995年怀尔斯（Wiles）解决了费马大定理，这是困惑了世界358年的著名问题. 在计算数论方面，由于电子计算机的迅速发展和普及，在1996年4月，人们成功地分解了一个130位的RSA数. 在十年前，这是绝对不可能的. 数论中越来越多的结果在现代密码学中得到应用，这再次表明了基础理论的重要性. 今天，当本书再版的时候，我们做了较多的改动，简述如下：

由于近十多年来，麦什涅数和费马数有不少新结果，我们对第一章的有关部分做了修改和补充. 在第二章增加了一节，介绍Wolstenholme定理的推广和乔拉的优美而简洁的证明. 在第三章中，补充了一个有关RSA数分解的基本结果. 鉴于有限域上的离散对数在密码学中有重要应用，在第五章增加了一节：基于离散对数的公钥体制. 第一版的第六章改动最大，我们把介绍k次剩余基本性质的前三节并入了第五章，其余诸节读者不易掌握且不属基本的内容全部删去. 我们新写了第六章，介绍日益重要的计算数论中两个基本问题：素性判别和整数分解. 第七章的改动也比较大，删去了前五节，增加迪克逊（Dickson）多项式、有限域的迹和不可约多项式等内容. 在第八章中增加两节新内容，一节介绍同余式$\sum_{i=1}^{n}\frac{x_i}{d_i}\equiv 0 \pmod 1$及其应用；另一节介绍雪瓦莱（Chevalley）定理及其应用，这是一个非常有说服力的例子，它说明一些基本的结果是多么重要. 第九章增加了有限域上椭圆曲线简介，它在密码学中有重要应用. 在第十章中增加了关于方程

$ax^2-by^2=1$的结果，这是 Pell 方程的推广．在第十一章中，增加了关于 m 次单位根的一个基本性质，它在不定方程中的应用补充在第十二章中．

由于柯召先生年事已高，第二版的修订工作由孙琦承担，不当之处，请专家和广大读者批评指正．

作者

1999 年 9 月

前　言

初等数论是主要用算术方法研究整数性质的一个数论分支，它是数学中最古老的分支之一．我们知道，公元前4世纪，古希腊数学家欧几里德（Euclid）证明了素数的个数是无穷的，并给出了求两个正整数的最大公因数的算法．我国古代的《孙子算经》中给出了解一次同余式组的算法，即著名的孙子剩余定理，国外把它叫做中国剩余定理，这是初等数论中一个重要的定理．从17世纪到19世纪，费马（Fermat）、欧拉（Euler）、勒让德（Legendre）、高斯（Gauss）等人的工作大大发展和丰富了初等数论的内容．特别是1801年，高斯出版了著名的《算术研究》（Disquisitiones Arithmeticae）．在这本书中，高斯证明了二次互反律、原根存在的充分必要条件等重要结果．以上这些工作大体上构成了通常初等数论教科书的基本内容．当然，初等数论所包含的内容远不止这些．随着初等数论的不断发展，它的内容也越来越丰富．在本书中，我们只是选取一些较重要的课题．

在数学发展史上，常常可以发现，对初等数论中某些问题的研究，曾促使数学中新分支的发展．例如对不定方程和高次互反律的研究，促进了代数数论和类域论的发展．近几十年来，初等数论在计算机科学、组合数学、代数编码、信号的数字处理等领域内得到广泛的应用，而且许多较深刻的结果（包括一些近代的结果）都得到了应用．本书注意到这些情形，除了包含通常初等数论教科书所共同具有的最基本的内容外，增加了许多新的内容，以适应不断发展的理论和应用方面的需要，特别是增加了高次剩余、三次和四次互反律、有限域上的某些不定方程的基础知识等重要内容．在介绍那些熟知的经典结果时，我们也注意介绍新的证明方法和近代的进展，并尽可能提到它们的应用．这就是我们编写这本书的主要意图．下面扼要介绍一下各章的内容，从中大体可以反映出本书的特点．

在第一章和第二章中，除了介绍整除和同余的基本内容外，还介绍了惟一分解定理的另一个证明，取绝对最小剩余的辗转相除法，乔拉（Chowla）等关于完全剩余系的定理，孙子剩余定理的重要应用，以及覆盖同余式组等．

在第三章中，我们介绍了各种基本的数论函数的初等性质，并从狄利克雷（Dirichlet）乘积引出麦比乌斯（Möbius）反演公式，还给出了著名的公开密钥码 RSA 体制的一个严格证明．

在第四章和第五章中除了介绍二次剩余和原根的基本内容外，给出了高斯引理一个推广形式，以便把高斯引理推广到某些高次剩余的情形．本章还介绍了二次剩余理论的某些应用，计算次数和原根的某些方法，以及原根在数字信号处理中的一个应用等．

在第六章中我们研究了模奇素数 p 的缩系 $g, g^2, \cdots, g^{p-1}$ 的等价类 $C_j=\{g^j, g^{j+k}, \cdots, g^{j+(q-1)k}\}$（其中 $p-1=kq$，g 是 p 的一个原根，$j=0, 1, \cdots, k-1$）的有关理论，这实际上就是分圆数的理论，并以此为工具，给出高次剩余的一些重要结果，如 $\left(\frac{2}{p}\right)_3=1$ 的充分必要条件是 $p=u^2+27v^2$ 等．此外，还介绍了高斯引理在某些高次剩余上的推广和应用，这也是近代数论中的一个重要的研究课题．本章的内容对组合数学也很重要．

第七章主要介绍三类问题：一类是有理数域上多项式不可约的判别问题；一类是把通常的分圆多项式推广到两个变元的情形，即 a^n-b^n 的本原因子的理论，这是本世纪初伯克霍夫（Birkhoff）和范迪弗（Vandiver）的重要工作；另一类是有限域 F_p 上多项式的基本理论，这在代数编码中很重要．

第八章介绍 F_p 上的特征和及其在 F_p 上不定方程 $x^n+y^n=1$

解的个数研究中的重要应用，这是有关韦伊(Weil)猜想的初步工作.

第九章介绍环 $Z[\omega]$ 和 $Z[i]$ 上的三次和四次剩余特征，并给出三次和四次互反律，又一次给出 $\left(\frac{2}{p}\right)_3=1$ 的充分必要条件的证明.

第十章将简要介绍不定逼近方面的基本结果和进展，以及复数的有理逼近问题.

第十一章介绍代数数域的基本算术理论，从理想数的惟一分解定理直到给出一般分圆域的基本性质.

第十二章介绍解不定方程的基本方法和技巧. 我们将看到本书前面诸章的许多结果在此得到了应用.

本书是我们通过多年教学和科研工作的积累写成的，其中许多章节曾先后给大学生、研究生以及在实际部门工作的同志讲授过，并在讲授的过程中不断补充新的内容.

鉴于编写本书的意图，我们认为本书的适应面是较广的. 除了数学系的大学生和研究生外，对于计算机科学、数字信号处理、组合数学等方面的大学生、研究生，本书均可作为教本和参考书. 本书还可供从事上述诸方面教学和科研的同志参考.

前五章的内容作为大学数学系一个学期的初等数论课，已经足够了. 如果再加一学期，那么八、九、十、十一、十二诸章或六、七、十一诸章都可分别作为一个选修课的内容. 自然，本书也可作为研究生两个学期数论课的教材. 以上这些意见仅供参考，如何更好地组织教材，还需教师根据实际情况来决定. 本书每章附有一定的习题供选用. 本书假定读者具备高等代数以及群、环、域的基本知识，只在个别地方(第二章§10和第七章§2)用到一点复变函数的知识，如讲授时学生未学，可以删去. 某些小节和较难的习题，用星号“*”标志，以便读者选择.

书末所列书目，可供读者使用本书时参考. 我们在编写本书的过程中，也曾参考过这些书．特别是，本书的第六章，第七章的§4、§5和第八、九、十一章的若干节，分别比较多地参考了［8］和［6］、［1］的有关章节．

陈重穆教授和潘承彪副教授对本书原稿提出过许多宝贵意见，作者特致深切的谢意．

限于水平，本书难免有缺点和错误，请读者批评指正．

作者

1984年8月于成都

第一章　整数的惟一分解定理

整数的惟一分解定理，又叫算术基本定理，它是初等数论中最基本的定理之一．本章将给出这个定理两种不同的证明，以及介绍与此有关的初等数论中最基本的概念和性质．

§1　整　除　性

两个整数的和、差、积仍然是整数，但是用一个不等于零的整数去除另一个整数所得的商却不一定是整数，因此，我们引进整除的概念．

定义　任给两个整数 a,b，其中 $b \neq 0$，如果存在一个整数 q 使得等式

$$a = bq \tag{1}$$

成立，我们就说 b **整除** a，记作 $b|a$，此时我们把 b 叫做 a 的**因数**，把 a 叫做 b 的**倍数**．如果(1)里的整数 q 不存在，我们就说 b 不整除 a，记作 $b\nmid a$．

由整除的定义出发，下面一些性质是明显的．

设 a,b,c 是整数．

1．如果 $b|a$，$c|b$，则 $c|a$．

2．如果 $b|a$，则 $cb|ca$．

3．如果 $c|a$，$c|b$，则对任意的整数 m,n，有

$$c|ma+nb.$$

4．如果 $b|a$ 且 $a \neq 0$，则 $|b| \leqslant |a|$．

5．如果 $cb|ca$，则 $b|a$．

6. 如果 $b|a, a\neq 0$，则 $\frac{a}{b}|a$.

一般地，有下面的定理.

定理 1 设 a,b 是两个整数，其中 $b>0$，则存在两个惟一的整数 q 及 r，使得

$$a=bq+r, 0\leqslant r<b \tag{2}$$

成立.

证 作整数序列

$$\cdots, -3b, -2b, -b, 0, b, 2b, 3b, \cdots,$$

则 a 必在上述序列的某两项之间，即存在一个整数 q 使得

$$qb\leqslant a<(q+1)b$$

成立. 令 $a-qb=r$，则(2) 成立.

设 q_1, r_1 是满足(2) 的另一对整数，因为

$$bq_1+r_1=bq+r,$$

于是

$$b(q-q_1)=r_1-r,$$

故

$$b|q-q_1|=|r_1-r|.$$

由于 r 及 r_1 都是小于 b 的非负整数，所以上式右边是小于 b 的. 如果 $q\neq q_1$，则上式左边 $\geqslant b$，这是不可能的. 因此，$q=q_1, r=r_1$.

证完

定义 我们把(2) 中的 q 叫做 a 被 b 除得出的**不完全商**，r 叫做 a 被 b 除所得到的余数，也叫做**非负最小剩余**，常记作 $\langle a\rangle_b=r$. 以后，我们总假定除数 $b>0$ 以及因数为正.

在不致引起混淆的情况下，$\langle a\rangle_b$ 中的 b 常略去不写. 我们有

定理 2 对于整数 a_1, a_2, b，其中 $b>0$，常有

$$\langle a_1+a_2\rangle=\langle\langle a_1\rangle+\langle a_2\rangle\rangle, \tag{3}$$

$$\langle a_1-a_2\rangle=\langle\langle a_1\rangle-\langle a_2\rangle\rangle, \tag{4}$$

$$\langle a_1a_2\rangle=\langle\langle a_1\rangle\langle a_2\rangle\rangle. \tag{5}$$

证　设

$$a_1 = bq_1 + \langle a_1 \rangle, \quad a_2 = bq_2 + \langle a_2 \rangle,$$
$$\langle a_1 \rangle + \langle a_2 \rangle = bq_3 + \langle \langle a_1 \rangle + \langle a_2 \rangle \rangle,$$

故

$$\begin{aligned} a_1 + a_2 &= b(q_1 + q_2) + \langle a_1 \rangle + \langle a_2 \rangle \\ &= b(q_1 + q_2 + q_3) + \langle \langle a_1 \rangle + \langle a_2 \rangle \rangle. \end{aligned} \quad (6)$$

由定理 1,即得(3) 式,类似地可证(4) 和(5).　证完

§2　最大公因数与辗转相除法

利用上节的定理 1,我们来研究整数的最大公因数的存在问题和实际求法.

定义　设 $a_1, a_2, \cdots, a_n$ 是 n 个不全为零的整数.若整数 d 是它们之中每一个的因数,那么 d 就叫做 $a_1, a_2, \cdots, a_n$ 的一个**公因数**.这时,它们的公因数只有有限个.整数 $a_1, a_2, \cdots, a_n$ 的公因数中最大的一个叫做**最大公因数**,记作$(a_1, \cdots, a_n)$,若$(a_1, \cdots, a_n) = 1$,我们说 $a_1, a_2, \cdots, a_n$ 互素.我们有下面的定理.

定理 1　设 a, b, c 是任意三个不全为零的整数,且

$$a = bq + c,$$

其中 q 是整数,则$(a,b) = (b,c)$.

证　因为$(a,b) \mid a$, $(a,b) \mid b$,所以有$(a,b) \mid c$,因而$(a,b) \leqslant (b,c)$.同法可证$(b,c) \leqslant (a,b)$,于是得到$(a,b) = (b,c)$.　证完

因为,显然有$(a_1, a_2, \cdots, a_n) = (|a_1|, |a_2|, \cdots, |a_n|)$,又因为,一组不全为零的整数的最大公因数,等于它们当中全体不为零的整数的最大公因数,所以,不妨设 $a_i > 0 (i = 1, \cdots, n)$.我们先讨论两个正整数的最大公因数的求法,即**辗转相除法**,并借此推出最大公因数的若干性质.

任给整数 $a > 0, b > 0$,由带余数的除法,有下列等式:

$$a = bq_1 + r_1, 0 < r_1 < b,$$

$$b = r_1 q_2 + r_2, 0 < r_2 < r_1,$$
$$\cdots\cdots\cdots \tag{1}$$
$$r_{n-2} = r_{n-1} q_n + r_n, 0 < r_n < r_{n-1},$$
$$r_{n-1} = r_n q_{n+1} + r_{n+1}, r_{n+1} = 0,$$

因为 $b > r_1 > r_2 > r_3 > \cdots$，故经有限次带余除法后，总可以得到一个余数是零，即(1)中 $r_{n+1} = 0$.

现在我们证明

定理 2　若任给整数 $a > 0, b > 0$，则 (a,b) 就是(1)中最后一个不等于零的余数，即 $(a,b) = r_n$.

证　由定理 1 即得

$$r_n = (0, r_n) = (r_n, r_{n-1}) = \cdots = (r_2, r_1) = (r_1, b) = (a, b).$$

证完

从(1)中 $r_n = r_{n-2} - r_{n-1} q_n, r_{n-1} = r_{n-3} - r_{n-2} q_{n-1}$，得

$$r_n = r_{n-2}(1 + q_n q_{n-1}) - r_{n-3} q_n,$$

再将 $r_{n-2} = r_{n-4} - r_{n-3} q_{n-2}$ 代入上式，如此继续下去，最后可得 $r_n = sa + tb$，其中 s, t 是两个整数. 于是有

定理 3　若任给整数 $a > 0, b > 0$，则存在两个整数 m, n 使得

$$(a,b) = ma + nb.$$

显然有

推论　a 和 b 的公因数是 (a,b) 的因数.

例　用辗转相除法求 $a = 288, b = 158$ 的最大公因数和 m, n，使 $ma + nb = (a,b)$.

由

$$288 = 158 \cdot 1 + 130,$$
$$158 = 130 \cdot 1 + 28,$$
$$130 = 28 \cdot 4 + 18,$$
$$28 = 18 \cdot 1 + 10,$$
$$18 = 10 \cdot 1 + 8,$$
$$10 = 8 \cdot 1 + 2,$$

$$8 = 2 \cdot 4.$$

因此，$(288,158) = 2$.

再由 $2 = 10 - 8 \cdot 1 = 10 - (18 - 10) = 10 \cdot 2 - 18$

$$= (28 - 18 \cdot 1)2 - 18 = 28 \cdot 2 - 18 \cdot 3$$
$$= 28 \cdot 2 - (130 - 28 \cdot 4)3 = - 130 \cdot 3 + 28 \cdot 14$$
$$= - 130 \cdot 3 + (158 - 130 \cdot 1)14 = 14 \cdot 158 - 17 \cdot 130$$
$$= 14 \cdot 158 - 17(288 - 158 \cdot 1) = 31 \cdot 158 - 17 \cdot 288,$$

故 $m = - 17, n = 31$.

对于 §1 的(2) 中的余数，如果不要求它是正的，那么，对于整数 a 和 $b > 0$，则存在整数 s,t，使 $a = bt + s$ 成立，其中 $|s| \leqslant \frac{b}{2}$. 这是因为，当 §1,(2) 中的 $r < \frac{b}{2}$ 时，取 $s = r$；当 $r > \frac{b}{2}$ 时，取 $s = r - b$；当 b 是偶数且 $r = \frac{b}{2}$ 时，则 s 可取 $\frac{b}{2}$ 和 $-\frac{b}{2}$ 两个数中的任意一个. 数 s 叫做 a 被 b 除所得到的**绝对最小剩余**. 如果我们在 (1) 的计算过程中，都取绝对最小剩余，并设最后一个不为零的余数为 s_m，则由定理 1，仍然有 $|s_m| = (a,b)$. 仍用前例说明：

$$288 = 158 \cdot 2 - 28,$$
$$158 = 28 \cdot 6 - 10,$$
$$28 = 10 \cdot 3 - 2,$$
$$10 = 2 \cdot 5.$$

与一般的辗转相除法相比较，计算步骤由 7 次减少为 4 次.

定理 4　若 $a|bc, (a,b) = 1$，则 $a|c$.

证　若 $c \neq 0$，由 $(a,b) = 1$ 知存在两个整数 m,n 使 $ma + nb = 1$，故 $mac + nbc = c$，由 $a|bc$，知 $a|c$；若 $c = 0$，结论显然成立.

证完

现在来研究两个以上正整数的最大公因数. 设 $n > 2, a_1 > 0, a_2 > 0, \cdots, a_n > 0, (a_1,a_2) = d_2, (d_2,a_3) = d_3, \cdots, (d_{n-1},a_n) = d_n$，那么有下面的定理.

定理 5　设 $a_1,\cdots,a_n(n>2)$ 是 n 个正整数，则

$$(a_1,a_2,\cdots,a_n)=d_n.$$

证　由 $d_n|a_n,d_n|d_{n-1},d_{n-1}|a_{n-1},d_{n-1}|d_{n-2}$，可得

$$d_n|a_{n-1},\quad d_n|d_{n-2}.$$

由此类推，最后得到

$$d_n|a_n,\quad d_n|a_{n-1},\quad \cdots,\quad d_n|a_1,$$

因此有 $d_n\leqslant(a_1,\cdots,a_n)$. 另一方面，设 $(a_1,\cdots,a_n)=d$，由定理 3 的推论可得

$$d|d_2,\quad d|d_3,\quad \cdots,\quad d|d_n,$$

故

$$d\leqslant d_n.$$

于是得到 $(a_1,a_2,\cdots,a_n)=d_n$.　　证完

由定理 5 可推出

定理 6　设 $a_1,a_2,\cdots,a_n$ 均为正整数，$n>2$，则存在整数 $x_1,\cdots,x_n$ 使得

$$(a_1,\cdots,a_n)=a_1x_1+\cdots+a_nx_n$$

成立.

§ 3　最小公倍数

定义　设 $a_1,a_2,\cdots,a_n$ 是 n 个整数 $(n\geqslant2)$，若 m 是这 n 个整数中每一个数的倍数，则 m 就叫做这 n 个整数的一个**公倍数**. 在 $a_1,a_2,\cdots,a_n$ 的一切公倍数中最小的正数叫做**最小公倍数**，记作 $[a_1,\cdots,a_n]$.

因为乘积 $|a_1||a_2|\cdots|a_n|$ 就是 $a_1,\cdots,a_n$ 的一个公倍数，故最小公倍数是存在的.

由于任何正整数都不是零的倍数，故讨论整数的最小公倍数时，总假定这些整数都不是零.

和最大公因数一样，显然有 $[a_1,\cdots,a_n]=[|a_1|,\cdots,|a_n|]$，所

以只需对正整数讨论它们的最小公倍数.

我们先研究两个正整数的最小公倍数.

定理 1　设 a,b 是任给的两个正整数,则

① a,b 的所有公倍数就是 $[a,b]$ 的所有倍数.

② $[a,b]=\dfrac{ab}{(a,b)}$.

证　设 m 是 a,b 的任一公倍数,$m=ak=bk'$,令 $a=a_1(a,b)$,$b=b_1(a,b)$,代入 $ak=bk'$ 得 $a_1k=b_1k'$,因为 $(a_1,b_1)=1$,故 $b_1\mid k$. 因此

$$m=ak=ab_1t=\frac{ab}{(a,b)}t, \tag{1}$$

其中 t 满足等式 $k=b_1t$. 反之,当 t 为任一整数时,$\dfrac{ab}{(a,b)}t$ 为 a,b 的一个公倍数,故(1)可以表示 a,b 的一切公倍数. 令 $t=1$,即得最小的正数,故 $[a,b]=\dfrac{ab}{(a,b)}$,这便证明了定理 1 中的 ②. 又由(1)式定理中的 ① 也得证.　证完

现在讨论两个以上整数的最小公倍数. 设 $a_1,a_2,\cdots,a_n$ 是 n 个正整数,令

$$[a_1,a_2]=m_2,\quad [m_2,a_3]=m_3,\quad \cdots,\quad [m_{n-1},a_n]=m_n, \tag{2}$$

我们有

定理 2　若 $a_1,\cdots,a_n$ 是 $n(n>2)$ 个正整数,则

$$[a_1,a_2,\cdots,a_n]=m_n.$$

证　由(2)知 $m_i\mid m_{i+1}$,$i=2,3,\cdots,n-1$,且 $a_1\mid m_2$,$a_i\mid m_i$,$i=2,\cdots,n$,故 m_n 是 $a_1,\cdots,a_n$ 的一公倍数. 又设 m 是 $a_1,\cdots,a_n$ 的任一公倍数,则 $a_1\mid m$,$a_2\mid m$,故由定理 1 知 $m_2\mid m$,又 $a_3\mid m$,同理可得 $m_3\mid m$. 依此类推,最后得 $m_n\mid m$,因此 $m_n\leqslant |m|$,故

$$m_n=[a_1,\cdots,a_n].$$

我们已经介绍了最大公因数的求法,上面两个定理又给出了最小公倍数的求法.

§ 4　素数、整数的惟一分解定理

在正整数里，1 的因数就只有它本身. 任一个大于 1 的整数都至少有两个因数，即 1 和它本身.

定义　一个大于 1 的整数，如果它的正因数只有 1 和它本身，就叫做**素数**，否则就叫做**合数**.

本节的主要目的就是要证明任何一个大于 1 的整数，如果不论次序，则能惟一地表成素数的乘积. 对于惟一性我们将给出两个不同的证明. 为此，先证明几个引理.

引理 1　设 a 是任一大于 1 的整数，则 a 的除 1 以外的最小正因数 q 是素数，并且当 a 是合数时，

$$q \leqslant \sqrt{a}.$$

证　假定 q 不是素数，由定义，q 除 1 和它本身以外还有一正因数 q_1，因而 $1 < q_1 < q$，但 $q \mid a$，所以有 $q_1 \mid a$，这与 q 是最小正因数矛盾，故 q 是素数.

当 a 是合数时，则 $a = a_1 q$，且 $q \leqslant a_1$，故 $q \leqslant \sqrt{a}$.　　证完

引理 2　若 p 是一素数，a 是任一整数，则有 $p \mid a$ 或 $(p,a) = 1$.

证　因为 $(p,a) \mid p$，故 $(p,a) = 1$ 或 $(p,a) = p$，后者即 $p \mid a$.　　证完

引理 3　若 p 是素数，$p \mid ab$，则 $p \mid a$ 或 $p \mid b$.

证　若 $p \nmid a$，则由引理 2，$(p,a) = 1$，再由 § 2 的定理 4 知 $p \mid b$.　　证完

定理（整数的惟一分解定理）　任一大于 1 的整数能表成素数的乘积，即对于任一整数 $a > 1$，有

$$a = p_1 p_2 \cdots p_n, \quad p_1 \leqslant p_2 \leqslant \cdots \leqslant p_n, \tag{1}$$

其中 $p_1, p_2, \cdots, p_n$ 是素数. 并且若

$$a = q_1q_2\cdots q_m,\quad q_1 \leqslant q_2 \leqslant \cdots \leqslant q_m, \tag{2}$$

其中 $q_1,q_2,\cdots,q_m$ 是素数，则 $m = n, q_i = p_i(i = 1,2,\cdots,n)$.

定理的证明：首先我们用数学归纳法证明(1)式成立. 当 $a = 2$ 时，(1)式显然成立. 假定对于一切小于 a 的正整数(1)式都成立. 此时，若 a 是素数，则(1)式对 a 成立；若 a 是合数，则有两个正整数 b,c 满足条件

$$a = bc,\quad 1 < b \leqslant c < a,$$

由归纳法假设，b 和 c 分别能表成素数的乘积，故 a 能表成素数的乘积，即(1)式成立. 其次，证明惟一性. 若对 a 同时有(1)，(2)两式成立，则

$$p_1p_2\cdots p_n = q_1q_2\cdots q_m. \tag{3}$$

由引理3知有 p_k,q_j 使得 $p_1|q_j, q_1|p_k$，但 q_j,p_k 都是素数，所以 $p_1 = q_j, q_1 = p_k$. 又 $p_k \geqslant p_1, q_j \geqslant q_1$，故同时有 $q_1 \geqslant p_1$ 和 $p_1 \geqslant q_1$，因而 $p_1 = q_1$，由(3)式得 $p_2\cdots p_n = q_2\cdots q_m$. 同理可得 $p_2 = q_2$，$p_3 = q_3$，依此类推，最后得 $m = n, p_n = q_n$. 证完

在给出惟一性的第二个证明之前，再证一个引理.

引理 4　如果对于某一个确定的整数 $b > 1$，分解是惟一的，且 p 是 b 的任一个素因子，则 p 必须出现在 b 分解为素数乘积的分解式中.

证　如果 $b = p$，则引理成立. 否则设 $b = pb_1, b_1 > 1$. 因为任一大于1的整数可表为素数的乘积，可设 $b_1 = p_1\cdots p_k$，这里 $p_1,\cdots,p_k$ 是素数，则 $b = pp_1\cdots p_k$ 是 b 分解为素数乘积的分解式. 由假设，对 b 来说除了次序之外此分解式是惟一的，因此 p 出现 b 分解为素数乘积的分解式中. 证完

定理中惟一性的第二个证明：如果分解不是惟一的，那么至少有一个整数 $a > 1$，a 有两种不同的分解. 设 a 是具有这种性质的整数中最小的，它的两个不同的分解式为

$$a = p_1\cdots p_k,\quad p_1 \leqslant p_2 \leqslant \cdots \leqslant p_k,\quad k \geqslant 2, \tag{4}$$

和

$$a = p_1' \cdots p_j', \quad p_1' \leqslant p_2' \leqslant \cdots \leqslant p_j', \quad j \geqslant 2. \tag{5}$$

设集 $P = \{p_1, \cdots, p_k\}$，$P' = \{p_1', \cdots, p_j'\}$，显然 $P \cap P' = \varnothing$，否则，例如 $p_1 = p_1'$，则 $\dfrac{a}{p_1}$ 满足 $1 < \dfrac{a}{p_1} < a$，且有两种不同的分解，与所设 a 最小矛盾，根据引理 1，由(4)和(5)分别得 $a \geqslant p_1^2$，$a \geqslant p_1'^2$，因为 $p_1 \neq p_1'$，故 $a > p_1 p_1'$，设 $t = a - p_1 p_1'$，因为 $p_1 | a$，$p_1' | a$，故 $p_1 | t$，$p_1' | t$，又因为 $1 < t < a$，所以定理的惟一性对 t 成立，而且由引理 4 知

$$t = p_1 p_1' t_1,$$

其中 $t_1 > 0$，故

$$a = p_1 p_1' (t_1 + 1) = p_1 p_1' q_1 \cdots q_n, \tag{6}$$

$q_i (i = 1, \cdots, n)$ 是素数，由(4)和(6)得

$$p_1' q_1 \cdots q_n = \frac{a}{p_1} = p_2 \cdots p_k. \tag{7}$$

因为 p_1' 不可能出现在(7)的右端，故(7)给出 $\dfrac{a}{p_1}$ 两种不同的分解，与所设 a 最小矛盾. 证完

算术基本定理告诉我们，任一大于 1 的整数能够惟一地写成

$$a = p_1^{\alpha_1} \cdots p_k^{\alpha_k}, \quad \alpha_i > 0 \quad (i = 1, \cdots, k), \tag{8}$$

其中 $p_i < p_j (i < j)$ 是素数.

(8) 叫做 a 的**标准分解式**.

如果 $d | a$，$d > 0$，则由(8)和引理 3，d 可表成

$$d = p_1^{\beta_1} \cdots p_k^{\beta_k}, \quad \alpha_i \geqslant \beta_i \geqslant 0 (i = 1, \cdots, k) \tag{9}$$

的形式. 反之，如 d 可表成(9)的形式，则必有 $d | a$，$d > 0$.

作为惟一分解定理一个简单而直接的应用，我们有：设 $a > 0$，$b > 0$，且

$$a = p_1^{\alpha_1} \cdots p_k^{\alpha_k}, \quad \alpha_i \geqslant 0 \quad (i = 1, \cdots, k),$$
$$b = p_1^{\beta_1} \cdots p_k^{\beta_k}, \quad \beta_i \geqslant 0 \quad (i = 1, \cdots, k),$$

则

$$(a,b) = p_1^{\gamma_1}\cdots p_k^{\gamma_k},\quad \gamma_i = \min(\alpha_i,\beta_i)\quad (i=1,\cdots,k),$$
$$[a,b] = p_1^{\delta_1}\cdots p_k^{\delta_k},\quad \delta_i = \max(\alpha_i,\beta_i)\quad (i=1,\cdots,k),$$

符号 $\min(\alpha_i,\beta_i)$ 表示 α_i,β_i 中较小的数. $\max(\alpha_i,\beta_i)$ 表示 α_i,β_i 中较大的数.

对于任意实数 x,y,显然有

$$x+y=\max(x,y)+\min(x,y),$$

由此,又得到在 §3 中已经证明过的结果:

$$[a,b]=\frac{ab}{(a,b)}.$$

上面从理论上证明了任意一个大于 1 的整数,可以写成它的标准分解式,而且这样一个分解式可以通过有限步的计算求出. 但是,在实际计算时,特别当 a 很大时,仍然由于计算量太大,常常难以办到. 因此,用正整数的标准分解式来求最大公因数并不简单,而用辗转相除法来求的优点在于不必把正整数分解成标准分解式. 至于大整数的分解仍然是近代数论研究的重要课题之一,它不仅具有理论价值,而且有实际应用,我们将在第三章和第六章中介绍.

顺便指出,在自然数的子集

$$S=\{3k+1\mid k=0,1,2,\cdots\}$$

中,如果定义其"素数"是恰有两个因子在 S 中,例如 4,7,10,13,19,22,25,31,… 都是 S 中的"素数",那么 S 中的数 100 就有两种分解形式:

$$100=4\cdot 25,\quad 100=10\cdot 10.$$

这说明当素数的定义改变后,整数的惟一分解定理就不成立了. 因此,这个定理反映了整数的本质.

数论中许多结果都依赖于惟一分解定理的成立,在本章后面的某些节中,将看到这样的例子.

§ 5 厄拉多塞筛法

大约在公元前 250 年，古希腊数学家厄拉多塞(Eratosthenes)提出一个造出不超过 N 的素数表的方法，后来人们把它称为**厄拉多塞筛法**. 它基于这样一个简单的性质：如果 $n \leqslant N$，而 n 是合数，则 n 必为一不大于 $\sqrt{N}$ 的素数所整除. 这个性质由 §4 的引理 1 即可推出. 厄拉多塞筛法的具体方法如下：先列出不超过 $\sqrt{N}$ 的全体素数，设为 $2 = p_1 < p_2 < \cdots < p_k \leqslant \sqrt{N}$，然后依此排列 $2, 3, \cdots, N$，在其中留下 $p_1 = 2$，而把 p_1 的倍数全部划掉，再留下 p_2，而把 p_2 的倍数划掉，继续这一手续，直到最后留下 p_k 而划去 p_k 的全部倍数，根据前面提到的性质，留下的就是不超过 N 的全体素数. 近代素数表都是由此法略加变化造出的. 例如，1914 年莱梅(Lehmer) 发表了 1 到 10006721 的素数表，1951 年，库利克(Kulik) 等又把它增加到 10999997.

当然厄拉多塞筛法不可能造出全部素数，因为，素数是无穷的. 我们有

定理 1 素数的个数是无穷的.

证 如果素数的个数是有限的，那么设 $p_1 = 2, p_2 = 3, \cdots, p_k$ 是全体素数. 再设 $P = p_1 p_2 \cdots p_k + 1$，$q$ 是 P 的素因数，则有 $q \neq p_j (j = 1, \cdots, k)$，因为否则至少有一个 p_i，$1 \leqslant i \leqslant k$，满足 $q = p_i$，从而 $q \mid 1$，与 q 是素数矛盾. 于是与 $p_1, \cdots, p_k$ 是全体素数矛盾.

证完

定理 2 存在无穷多个形如 $4n - 1$ 的素数.

证 假如这样的素数是有限的，设 p 是它们当中最大的一个，考虑整数

$$N = 2^2 \cdot 3 \cdot 5 \cdot \cdots \cdot p - 1,$$

其中 $3 \cdot 5 \cdot \cdots \cdot p$ 表示所有 $\leqslant p$ 的奇素数的乘积. 因为 N 是 $4n - 1$

形的，而且 $N>p$，由 p 的假设知，N 不是素数. 显然，N 的所有素因数必须大于 p. 由于 N 的因数只能是 $4n+1$ 或 $4n-1$ 形的，而两个 $4n+1$ 形的数相乘仍然有 $4n+1$ 形的，因此 N 至少有一个 $4n-1$ 形的素因数，设为 q，而 $q>p$，与 p 最大矛盾.　　证完

一般地，设 $k>0, l>0, (k,l)=1$，那么形如 $kn+l$ 的素数有无穷多个，这个定理叫狄利克雷(Dirichlet) 定理，由于它的证明需要较多的准备知识，本书就不准备证明了.

对于素数的研究，曾经有一个时期，人们希望找到一个表示素数的方便公式，例如，是否存在一个不是常数的整系数多项式 $f(x)$，当整数 $x\geqslant x_0$ 时，$f(x)$ 都表示素数？回答是否定的.

定理 3　对于任意给定的整数 x_0，不存在整系数多项式 $f(x)=a_nx^n+a_{n-1}x^{n-1}+\cdots+a_1x+a_0(a_n\neq 0, n>0)$，使得 x 取所有 $\geqslant x_0$ 的整数时，$f(x)$ 都表示素数.

证　设 $f(x_0)=p$ 是一个素数，对于整数 y，有

$$f(x_0+py)-f(x_0)=pM,$$

即

$$f(x_0+py)=p(M+1),$$

其中 M 是一个整数. 由于最多有 $3n$ 个 y 使得

$$f(x_0+py)=0;\ \pm p,$$

因此对于充分大的 y，$f(x_0+py)$ 不是一个素数.　　证完

素数的性质是数论最早的研究课题之一，这方面有许多艰深的难题和猜想，迄今仍是一个活跃的领域，许多近代深入的结果，组成了解析数论的重要内容.

§ 6　麦什涅数、费马数

定义　设 p 是一个素数，形如 2^p-1 的数叫做**麦什涅数**，记作 $M_p=2^p-1$.

17 世纪，麦什涅(Mersenne) 证明了当 $p=2,3,5,7,13,17,$

19,31 时,M_p 是素数. 到目前为止,只知道 33 个麦什涅数是素数,除已提到的 8 个以外,另外 25 个是:$p = 61,89,107,127,521,607$, 1279, 2203, 2281, 3217, 4253, 4423, 9689, 9941, 11213, 19937, 21701, 23209, 44497, 86243, 110503, 132049, 216091, 859433, 1257787.

现在我们来证明关于麦什涅数的一个结果.

定理 1 设 p 是一个奇素数,q 是 M_p 的一个素因数,则 q 形如 $q = 2kp + 1$.

证明这个定理之前,先证一个简单的引理.

引理 设 $a > 0, b > 0, s > 1$,则

$$(s^a - 1, s^b - 1) = s^{(a,b)} - 1.$$

证 不妨设 $a > b$,由辗转相除法得

$$\begin{aligned}
a &= bq_1 + r_1, & 0 < r_1 < b,\\
b &= r_1 q_2 + r_2, & 0 < r_2 < r_1,\\
&\cdots\cdots\\
r_{n-2} &= r_{n-1} q_n + r_n, & 0 < r_n < r_{n-1},\\
r_{n-1} &= r_n q_{n+1},
\end{aligned}$$

其中 $r_n = (a, b)$. 因此

$$s^a - 1 = s^{r_1} \cdot \frac{s^{bq_1} - 1}{s^b - 1}(s^b - 1) + s^{r_1} - 1,$$

$$s^b - 1 = s^{r_2} \cdot \frac{s^{r_1 q_2} - 1}{s^{q_1} - 1}(s^{r_1} - 1) + s^{r_2} - 1,$$

$$\cdots\cdots$$

$$s^{r_{n-2}} - 1 = s^{r_n} \cdot \frac{s^{r_{n-1} q_n} - 1}{s^{r_{n-1}} - 1}(s^{r_{n-1}} - 1) + s^{r_n} - 1,$$

$$s^{r_{n-1}} - 1 = \frac{s^{r_n q_{n+1}} - 1}{s^{r_n} - 1}(s^{r_n} - 1).$$

由此即得 $(s^a - 1, s^b - 1) = s^{(a,b)} - 1$. 证完

定理 1 的证明:

首先,我们证明对于任意一个素数 r,有

$$r \mid 2^r - 2, \tag{1}$$

因为 $2^r - 2 = (1+1)^r - 2 = 1 + \binom{r}{1} + \binom{r}{2} + \cdots + \binom{r}{r-1} + 1 - 2 = \sum_{i=1}^{r-1}\binom{r}{i}$，其中 $\binom{r}{i}$ 表示组合数，r 是素数时，$r \mid \binom{r}{i}$ $(1 \leqslant i \leqslant r-1)$，故(1)式成立.

因 q 是奇素数，故由(1)得 $q \mid 2^{q-1} - 1$. 又因为 $q \mid 2^p - 1$，于是由引理得

$$q \mid (2^p - 1, 2^{q-1} - 1) = 2^{(p, q-1)} - 1. \tag{2}$$

因为 $q > 1$，故(2)给出 $(p, q-1) > 1$，即得 $p \mid q - 1$. 因为 p 是奇数，$q - 1$ 是偶数，故 q 具有形状 $q = 2kp + 1$. 　证完

寻找素数 p，使得麦什涅数 M_p 是素数，仍是近代数论研究的课题之一，通常是利用某些判别法，在计算机上进行运算. 在下一节，我们将看到，求偶完全数①等价于求麦什涅数中的素数. 是否有无穷多个 p 使 M_p 为素数，是数论中尚未解决的难题.

值得注意的是麦什涅素数在一些应用学科(如代数编码)中得到应用.

定义　我们把 $F_n = 2^{2^n} + 1, n \geqslant 0$，叫做**费马数**.

前五个费马数是 $F_0 = 3$，$F_1 = 5$，$F_2 = 17$，$F_3 = 257$，$F_4 = 65537$，它们都是素数. 据此，1640年，法国数学家费马(Fermat)猜想 F_n 均为素数. 1732年，欧拉(Euler)发现 $F_5 = 641 \cdot 6700417$，故费马猜想不真，到目前为止，我们只知道以上五个数是素数. 此外，还证明了若干个费马数是合数. 这些合数可以分成三类，例如：① 当 $n = 5,6,7,8,9,10,11$ 时，得到了 F_n 的标准分解式；② 当 $n = 12, 13, 15, 16, 17, 18, 19, 21, 23, 25, 26, 27, 30, 32, 36, 38, 39, 42, 52, 55, 58, 63, 73, 77, 81, 117, 125, 144, 150, 207, 226, 228, 250, 267, 268, 284, 316, 452, 556, 744, 1945$ 时，只知

---

① 见本章§7完全数.

道 F_n 的部分真因数；③ 当 $n = 14,20,22$ 时，只知道 F_n 是合数，但它的任何真因数都不知道. 此外，F_{24} 是我们还不知道它是素数还是合数的最小的费马数. 现在很多人都认为，除了已知的前 5 个费马数是素数外，其余的费马数都是合数.

和麦什涅数类似，在费马数中，是否有无穷多个素数，是一个尚未解决的难题.

费马数的有些简单性质是容易证明的. 如

定理 2 任给两个费马数 $F_m,F_n,m \neq n$，则

$$(F_m,F_n) = 1.$$

证 不失一般，可设 $m > n \geqslant 0, m = n + k, k > 0$，而 $l|F_n$，$l|F_{n+k}$. 如果令 $x = 2^{2^n}$，我们有

$$\frac{F_{n+k}-2}{F_n} = \frac{2^{2^{n+k}}-1}{2^{2^n}+1} = \frac{x^{2^k}-1}{x+1} = x^{2^k-1} - x^{2^k-2} + \cdots - 1,$$

故 $F_n|F_{n+k}-2$. 且因 $l|F_{n+k}$，$l|F_{n+k}-2$，推出 $l|2$，因为 F_l 是奇数，故 $l = 1$. 证完

1801 年，高斯(Gauss) 证明了当且仅当 $h = F_{n_1}F_{n_2}\cdots F_{n_s}(0 \leqslant n_1 < \cdots < n_s, s \geqslant 1)$，$F_{n_t}(t = 1,\cdots,s)$ 都是素数时，正 h 边形可用圆规和直尺来作图. 这说明费马数与平面几何的一些问题有联系. 费马数还和某些实际问题有联系. 例如，在数字信号处理中，用费马数给出的数论变换，可用来计算整数序列的卷积.

§7 完 全 数

定义 设 n 是一个正整数，如果 n 的全部因数的和等于 $2n$ 就叫做一个**完全数**.

例如，6 的因数的和是 $1 + 2 + 3 + 6 = 12$，28 的因数的和是 $1 + 2 + 4 + 7 + 14 + 28 = 56$，故 6 和 28 都是完全数. 先证一个有关 n 的诸因数和的结果.

定理 1 设 $n=p_1^{\alpha_1}\cdots p_k^{\alpha_k}$ 是 n 的标准分解式，$\sigma(n)=\sum\limits_{d\mid n}d$ 表示 n 的诸因数的和，则

$$\sigma(n)=\frac{p_1^{\alpha_1+1}-1}{p_1-1}\cdots\frac{p_k^{\alpha_k+1}-1}{p_k-1}.$$

证 在 §4 中，我们已经知道，由整数的惟一分解定理，n 的全部因数可表成

$$p_1^{x_1}\cdots p_k^{x_k},\ 0\leqslant x_1\leqslant\alpha_1,\cdots,\ 0\leqslant x_k\leqslant\alpha_k,$$

故

$$\begin{aligned}\sigma(n)&=\sum_{d\mid n}d=\sum_{x_1=0}^{\alpha_1}\cdots\sum_{x_k=0}^{\alpha_k}p_1^{x_1}\cdots p_k^{x_k}\\&=\left(\sum_{x_1=0}^{\alpha_1}p_1^{x_1}\right)\cdots\left(\sum_{x_k=0}^{\alpha_k}p_k^{x_k}\right)\\&=\frac{p_1^{\alpha_1+1}-1}{p_1-1}\cdots\frac{p_k^{\alpha_k+1}-1}{p_k-1}.\end{aligned}$$

证完

定理 2 n 是一个偶完全数的充分必要条件是 n 具有形状 $2^{p-1}(2^p-1)$，其中 p 和 2^p-1 均为素数.

证 设 p 和 2^p-1 均为素数，$n=2^{p-1}(2^p-1)$，则 n 的诸因数和为

$$\begin{aligned}&1+2+\cdots+2^{p-1}+(2^p-1)(1+\cdots+2^{p-1})\\&=2^p(1+\cdots+2^{p-1})\\&=2^p(2^p-1)\\&=2n.\end{aligned}$$

故 n 是一个完全数.

反之，设 $n=2^eq$ 是一个完全数，这里 q 是一个奇数，$e>0$，于是由定理 1，n 的诸因数和为

$$(2^{e+1}-1)\sigma(q)=2^{e+1}q,$$

其中 $\sigma(q)$ 表示 q 的诸因数之和，因此

$$\sigma(q)=q+d,$$

这里 $d=\dfrac{q}{2^{e+1}-1}$ 是一个整数，因此 d 是 q 的一个因数，q 和 d 是

q 的仅有的因数. 由整数的惟一分解定理即知 q 是素数, $q = 2^{e+1} - 1$. 因为 q 是素数, 则 $e + 1$ 必须是素数, 令 $e + 1 = p$, 这就证明了 $n = 2^{p-1}(2^p - 1)$. 证完

从定理 2 的证明, 可以看出整数的惟一分解定理的重要性.

定理 2 告诉我们, 有一个麦什涅素数存在, 就对应着一个偶完全数, 反过来也对.

完全数中另一个著名难题是: 是否存在奇完全数? 几百年来, 尽管有许多数学家进行了大量的工作, 这个问题仍未解决.

我们来证明关于奇完全数两个较易证明的结果.

定理 3　如果 n 是一个奇完全数, 则 n 具有分解式

$$n = p^{\alpha} q_1^{2\beta_1} \cdots q_t^{2\beta_t}, \tag{1}$$

其中, $p, q_1, \cdots, q_t$ 是不同的素数, α 和 p 都是 $4h + 1$ 形的数.

证　设 $n = p_1^{\alpha_1} \cdots p_k^{\alpha_k}$ 是 n 的标准分解式, $p_i (i = 1, \cdots, k)$ 是奇素数, n 是完全数, 由定理 1 可得

$$\frac{p_1^{\alpha_1+1} - 1}{p_1 - 1} \cdots \frac{p^{\alpha_k+1}}{p_k - 1} = 2 p_1^{\alpha_1} \cdots p_k^{\alpha_k}.$$

不妨设

$$1 + p_1 + \cdots + p_1^{\alpha_1} = 4f + 2, \tag{2}$$

以及

$$1 + p_j + \cdots + p_j^{\alpha_j} = 2l_j + 1, j = 2, \cdots, k, \tag{3}$$

其中 f, l_j 为整数. 由(2) 知 p_1 为 $4h + 1$ 形, 再由(2) 知 α_1 也为 $4h + 1$ 形, 故可令 $\alpha_1 = \alpha, p_1 = p$. 由(3) 知 α_j 是偶数, $j = 2, \cdots, k$, 可令 $2\beta_{j-1} = \alpha_j, q_{j-1} = p_j, j = 2, \cdots, t + 1, t + 1 = k$, 便证明了(1) 式. 证完

定理 4　如果 n 是一个奇完全数, 则(1) 中 $t \geqslant 2$.

证　若 $t = 1$, 则由(1) 给出

$$\frac{p^{\alpha+1} - 1}{p - 1} \frac{q^{2\beta_1+1} - 1}{q_1 - 1} = 2 p^{\alpha} q_1^{2\beta_1},$$

因此,

$$2 = \frac{1 - \dfrac{1}{p^{\alpha+1}}}{1 - \dfrac{1}{p}} \cdot \frac{1 - \dfrac{1}{q_1^{2\beta_1+1}}}{1 - \dfrac{1}{q_1}}$$

$$< \frac{p}{p-1} \cdot \frac{q_1}{q_1 - 1} \leqslant \frac{5}{4} \cdot \frac{3}{2},$$

这是一个矛盾结果，故 $t \geqslant 2$.　　证完

定理 4 指出，如果奇完全数存在，则至少含 3 个不同的奇素因子. 这个值曾不断予以改进，目前，最好的结果是哈吉斯(Hagis)在 1980 年证明的，他证明了(1) 中 $t \geqslant 7$，即奇完全数如果存在，则至少含 8 个不同的奇素因子. 哈奇斯还曾证明：如果 n 是奇完全数，则 $n > 10^{50}$. 奇完全数的问题，是数论中最困难的问题之一.

§ 8　一次不定方程

二元一次不定方程是指

$$a_1 x + a_2 y = n, \tag{1}$$

其中 a_1, a_2, n 是给定的整数，$a_1 a_2 \neq 0$.

我们有

定理 1　方程(1) 有整数解 x, y 的充分必要条件是

$$(a_1, a_2) \mid n. \tag{2}$$

证　如果(1) 有解，显然(2) 成立.

反之，不失一般，可设 $(a_1, a_2) = 1$，以及 $a_1 > 0, a_2 > 0$. 由 § 2 的定理 3 知，存在整数 u, v 使 $a_1 u + a_2 v = 1$，于是 $x = nu, y = nv$，就是(1) 的一组解.　　证完

方程(1) 的全部解，可由以下定理给出.

定理 2　设 $(a_1, a_2) = 1$，则(1) 的全部解可表为

$$x = x_0 + a_2 t, \quad y = y_0 - a_1 t, \tag{3}$$

其中 x_0, y_0 为(1) 的一组解，t 为任意整数.

证　设 t 为任意整数，把(3) 代入(1) 得

$$a_1(x_0 + a_2t) + a_2(y_0 - a_1t) = a_1x_0 + a_2y_0 = n,$$

故 t 为任意整数时,(3) 均为(1) 的解.

反之,设 x_1, y_1 为(1) 的任意一组解,由

$$a_1x_1 + a_2y_1 = n,$$

和

$$a_1x_0 + a_2y_0 = n,$$

可得

$$a_1(x_1 - x_0) + a_2(y_1 - y_0) = 0,$$

因 $(a_1, a_2) = 1$,所以 $a_2 \mid x_1 - x_0$,可设 $x_1 - x_0 = a_2t$,即 $x_1 = x_0 + a_2t$,故得 $y_1 = y_0 - a_1t$.

类似定理 1 可证

定理 3 设 $s \geqslant 2$,s 元一次不定方程

$$a_1x_1 + a_2x_2 + \cdots + a_sx_s = n, \quad a_1\cdots a_s \neq 0 \tag{4}$$

有整数解 $x_1, \cdots, x_s$ 的充分必要条件是

$$(a_1, \cdots, a_s) \mid n.$$

设 $s \geqslant 2$,考虑一次不定方程

$$a_1x_1 + a_2x_2 + \cdots + a_sx_s = n, a_i > 0, (i = 1, \cdots, s) \tag{5}$$

的正整数解 $x_i > 0 (i = 1, \cdots, s)$ 的问题. 在 $s = 2$ 时,19 世纪,西勒维斯特(Sylvester) 证明了以下定理.

定理 4 设 $s = 2$,$(a_1, a_2) = 1$,则在 $n > a_1a_2$ 时,(5) 有正整数解 $x_1 > 0, x_2 > 0$,但在 $n = a_1a_2$ 时,(5) 没有正整数解 $x_1 > 0$,$x_2 > 0$.

证 由定理 2 知

$$a_1x_1 + a_2x_2 = n, \ n > 0, \ a_1 > 0, \ a_2 > 0 \tag{6}$$

的全部解可表为

$$x_1 = x_1' + a_2t, \ x_2 = x_2' - a_1t,$$

其中 x_1', x_2' 是(6) 的一组解,t 为任意整数. 不难知道,可取 t_0 使

$$0 < x_2 = x_2' - a_1t_0 \leqslant a_1,$$

又由 $n > a_1a_2$，可得

$$(x_1' + a_2t_0)a_1 = n - (x_2' - a_1t_0)a_2 > a_1a_2 - a_1a_2 = 0,$$

故对上述 t_0 来说，

$$x_1 = x_1' + a_2t_0 > 0.$$

这就证明了 $n > a_1a_2$ 时，(6) 有解 $x_1 > 0, x_2 > 0$.

如果在 $n = a_1a_2, (a_1, a_2) = 1$ 时，(6) 有解 $x_1 > 0, x_2 > 0$，则由(6) 可得

$$a_1a_2 = a_1x_1 + a_2x_2,$$

因 $(a_1, a_2) = 1$，故 $a_1 | x_2, a_2 | x_1, a_1 \leqslant x_2, a_2 \leqslant x_1$，得 $a_1a_2 = a_1x_1 + a_2x_2 \geqslant 2a_1a_2$，此不可能.　证完

此定理也可叙述为：设 $(a_1, a_2) = 1, a_1 > 0, a_2 > 0$，则凡大于 a_1a_2 的数必可表为 $a_1y_1 + a_2y_2 (y_1 > 0, y_2 > 0)$ 之形状，但 a_1a_2 不能表成此形状.

利用代换 $y_i = x_i + 1 (i = 1, 2)$ 可得

推论　设 $(a_1, a_2) = 1, a_1 > 0, a_2 > 0$，则凡大于 $a_1a_2 - a_1 - a_2$ 的数必可表为 $a_1x_1 + a_2x_2 (x_1 \geqslant 0, x_2 \geqslant 0)$ 之形状，但 $a_1a_2 - a_1 - a_2$ 不能表成此形状.

对于(5) 的非负整数解问题，我们有

定理 5　设 $d_i = (a_1, \cdots, a_i), i = 2, \cdots, s, s > 1, d_1 = a_1$, $d_s = 1$，则当 $n > N(a_1, \cdots, a_s) = \sum_{i=2}^{s} a_i \dfrac{d_{i-1}}{d_i} - \sum_{j=1}^{s} a_j$ 时，方程(5) 有整数解 $x_i \geqslant 0, i = 1, \cdots, s$.

证　我们对 s 施行归纳法. $s = 2$ 时，$N(a_1, a_2) = a_1a_2 - a_1 - a_2$，由定理 4 的推论知，定理 5 成立. 设 $s - 1 (s \geqslant 3)$ 个元时定理成立，我们来证明 s 元时的情形. 设 $(a_1, \cdots, a_{s-1}) = d_{s-1}$，由 $d_s = 1$ 知，$(d_{s-1}, a_s) = 1$. 再设 $a_i = d_{s-1}a_i', i = 1, \cdots, s-1, d_i' = (a_1', \cdots, a_i')$, $i = 2, \cdots, s-1, d_1' = a_1'$. 由 $(d_{s-1}, a_s) = 1$ 可知，对任给的 n，存在 $0 \leqslant b_s \leqslant d_{s-1} - 1$，使得 $d_{s-1} | n - a_sb_s$，于是由(5) 可得

$$a_1'x_1 + \cdots + a_{s-1}'x_{s-1} = \frac{n - a_s b_s}{d_{s-1}} = n', \ (a_1', \cdots, a_{s-1}') = 1, \tag{7}$$

因为 $n > N(a_1, \cdots, a_s)$，故

$$n' = \frac{n - a_s b_s}{d_{s-1}} \geqslant \frac{n - a_s(d_{s-1} - 1)}{d_{s-1}} > \sum_{i=2}^{s-1} \frac{a_i}{d_{s-1}} \frac{d_{i-1}}{d_i} - \sum_{j=1}^{s-1} \frac{a_j}{d_{s-1}}$$

$$= \sum_{i=2}^{s-1} a_i' \frac{d_{s-1}d_{i-1}'}{d_{s-1}d_i'} - \sum_{j=1}^{s-1} a_j' = N(a_1', \cdots, a_{s-1}').$$

由归纳法假设，(7) 有整数解 $x_1 \geqslant 0, \cdots, x_{s-1} \geqslant 0$，即当 $n > N(a_1, \cdots, a_s)$ 时，(5) 有整数解 $x_1 \geqslant 0, \cdots, x_{s-1} \geqslant 0, x_s = b_s \geqslant 0$.

证完

定理 5 告诉我们，对 s 元($s \geqslant 2$) 线性型 $a_1x_1 + \cdots + a_sx_s$，$a_i > 0 (i = 1, \cdots, s)$，$(a_1, \cdots, a_s) = 1$，存在一个正整数 $F(a_1, \cdots, a_s)$，当 $n > F(a_1, \cdots, a_s)$ 时，n 可表为 $a_1x_1 + \cdots + a_sx_s$ 这形状($x_j \geqslant 0$，$j = 1, \cdots, s$)，但是 $F(a_1, \cdots, a_s)$ 却不能表为如上形状，$F(a_1, \cdots, a_s)$ 叫做线性型 $a_1x_1 + \cdots + a_sx_s$ 的**最大不可表数**. 求出 $F(a_1, \cdots, a_s)$，就是著名的弗罗贝尼乌斯(Frobenius) 问题. 由定理 4 知 $F(a_1, a_2) = a_1a_2 - a_1 - a_2$. 对于 $s \geqslant 3$，特别是 $s = 3$ 的情形，经过许多数学家的努力，已经找到了多种算法来计算 $F(a_1, a_2, a_3)$.

§ 9 抽屉原理

抽屉原理，又叫鸽舍原理. 为纪念 19 世纪德国数学家狄利克雷，抽屉原理也叫狄利克雷原理. 这个原理最简单的表达方式是：假如有 $n + 1$(或更多) 个物体装入 n 个盒子里，那么一定有某个盒子至少装有两个物体.

抽屉原理在数论和组合论中有着许多应用，下面给出几个应用抽屉原理的定理.

定理 1 设 $1 \leqslant a_1 < a_2 < \cdots < a_{n+1} \leqslant 2n$，则有 $1 \leqslant i < j \leqslant$

$n+1$，使得 $a_i|a_j$.

证 写 $a_i=2^{\lambda_i}b_i$，$\lambda_i\geqslant 0$，$2\nmid b_i(i=1,\cdots,n+1)$，其中 $b_i<2n$. 因为 $1,2,\cdots,2n$ 中恰有 n 个不同的奇数，故在 $b_1,\cdots,b_{n+1}$ 中至少有两个相同，设 $b_i=b_j$，$1\leqslant i<j\leqslant n+1$，故 $a_i|a_j$. 证完

定理 1 是 1935 年由爱尔特希（Erdös）提出，并由莱梅证明的.

定理 2 设 $1\leqslant m<n$，联立方程组

$$\begin{aligned} L_1&=a_{11}x_1+\cdots+a_{1n}x_n=0,\\ L_2&=a_{21}x_1+\cdots+a_{2n}x_n=0,\\ &\cdots\cdots \\ L_m&=a_{m1}x_1+\cdots+a_{mn}x_n=0, \end{aligned} \tag{1}$$

其中 $a_{jk}(j=1,\cdots,m;k=1,\cdots,n)$ 为整数. 如果 $x_1,\cdots,x_n$ 是(1)的一组解，记为向量形式 $X=(x_1,\cdots,x_n)$，X 称为(1)的一个解向量. 则(1)存在解向量 $X=(x_1,\cdots,x_n)\neq 0$，且满足

$$|x_k|\leqslant (A_1\cdots A_m)^{\frac{1}{n-m}}\quad (k=1,\cdots,n), \tag{2}$$

这里 $A_j=|a_{j1}|+|a_{j2}|+\cdots|a_{jn}|\quad (j=1,\cdots,m)$.

证 设 $N=[(A_1\cdots A_m)^{\frac{1}{n-m}}]$，其中 $[x]$ 表示不大于 x 的最大整数，B_j 表示 $a_{j1},\cdots,a_{jn}$ 中正数的和，$-C_j$ 表示 $a_{j1},\cdots,a_{jn}$ 中负数的和，故 $A_j=B_j+C_j(j=1,\cdots,m)$. 当 y_k 取遍区间 $[0,N]$ 中的整数值时 $(k=1,\cdots,n)$，可得出 $(N+1)^n$ 个不同的向量的集 S：

$$S=\{(y_1,\cdots,y_n)\,|\,0\leqslant y_k\leqslant N,k=1,\cdots,n\}.$$

对 S 中的每一个向量，有

$$-C_jN\leqslant L_j=a_{j1}y_1+\cdots+a_{jn}y_n\leqslant B_jN,$$

故 L_j 可取 $(B_j+C_j)N+1=A_jN+1(j=1,\cdots,m)$ 个不同的整数值，于是，当 $(y_1,\cdots,y_n)$ 跑遍 S 中 $(N+1)^n$ 个向量时，最多可得 $\prod\limits_{j=1}^{m}(A_jN+1)$ 个不同的向量 $(L_1,\cdots,L_m)$. 因为可设 $A_j\geqslant 1(j=1,\cdots,m)$，所以

$$\prod_{j=1}^{m}(A_jN+1)\leqslant\prod_{j=1}^{m}(A_jN+A_j)=(N+1)^m\prod_{j=1}^{m}A_j,$$

而

$$(N+1)^n = (N+1)^m(N+1)^{n-m}$$
$$= (N+1)^m([(A_1\cdots A_m)^{\frac{1}{n-m}}]+1)^{n-m}$$
$$> (N+1)^m\prod_{j=1}^{m}A_j \geqslant \prod_{j=1}^{m}(A_jN+1),$$

故至少有在 S 中两个不同的向量，设为 $(y'_1,\cdots,y'_n)$，$(y''_1,\cdots,y''_n)$ 对应于同一个向量 $(L_1,\cdots,L_m)$，令 $x_k = y'_k - y''_k (k=1,\cdots,n)$，$X=(x_1,\cdots,x_n)\neq 0$ 就是(1)的一个解向量，而且

$$|x_k| = |y'_k - y''_k| \leqslant N \leqslant (A_1\cdots A_m)^{\frac{1}{n-m}},\ k=1,\cdots,n,$$

故(2)成立. 证完

第一章　习　题

1. 证明 $6\mid n(n+1)(2n+1)$，其中 n 是任何整数.

2. 证明：任意 n 个连续整数中($n\geqslant 1$)，有一个且只有一个数被 n 除尽.

3. 证明：若 $m-p\mid(mn+qp)$，则 $m-p\mid(mq+np)$.

4. 证明：若 $p\mid(10a-b)$ 和 $p\mid(10c-d)$，则 $p\mid(ad-bc)$.

5. 证明：若 $(a,b)=1$，则 $(a+b,a-b)=1$ 或 2.

6. 证明：若 $(a,b)=1$，则 $(a+b,a^2-ab+b^2)=1$ 或 3.

7. 证明：若方程 $x^n+a_1x^{n-1}+\cdots+a_n=0$ ($n>0$，a_i 是整数，$i=1,\cdots,n$) 有有理数解，则此解必为整数.

8. 一个有理数 $\frac{a}{b}$，当 $(a,b)=1$ 时叫做既约分数. 证明：若两个既约分数 $\frac{a}{b}$，$\frac{c}{d}$ 的和是一个整数，则 $|b|=|d|$.

9. 如果一个整数不能被任一个素数的平方所整除则叫做无平方因子. 证明：对每一个整数 $n\geqslant 1$，能惟一决定 $a>0$，$b>0$ 使得 $n=a^2b$，这里 b 无平方因子.

10. 证明：若 b^2 是 n 的最大平方因子，则由 $a^2\mid n$，可推出 $a\mid b$.

11. 给定 x 和 y，若 $m=ax+by$，$n=cx+dy$，这里 $ad-bc=\pm 1$，证明：$(m,n)=(x,y)$.

12. 证明:若 $n>0$,$a^n|b^n$,则 $a|b$.

13. 证明:若 $(a,b)=1$,且 $ab=c^n$,则 $a=x^n$,$b=y^n$,$c=xy$.

14. 证明:对于同样的整数 x 和 y,$17|2x+3y$ 的充分必要条件是 $17|9x+5y$.

15. 设 $5\nmid d$,$f(x)=ax^3+bx^2+cx+d$,$g(x)=dx^3+cx^2+bx+a$. 证明:若存在 m,使 $5|f(m)$,则存在 n,使 $5|g(n)$.

16. 证明:如果 a 和 b 是正整数,那么等差数列

$$a,\quad 2a,\quad 3a,\quad \cdots,\quad ba$$

中能被 b 整除的项的个数等于数 a 和 b 的最大公约数.

17. 假设 a,b,c,d 是整数,证明:若数 ac,$bc+ad$,bd 都能被某整数 u 整除,则 bc 和 ad 也都能被 u 整除.

18. 证明:若 a,b 是任意两个不全为零的整数,m 为任一正整数,则 $(am,bm)=(a,b)m$.

19. 证明 $(a_1,a_2,\cdots,a_n)=((a_1,\cdots,a_s),(a_{s+1},\cdots,a_n))$.

20. 证明 $[b_1,\cdots,b_n]=[[b_1,\cdots,b_s],[b_{s+1},\cdots,b_n]]$.

21. 证明:若 $a>0$,$b>0$,$a'>0$,$b'>0$,$(a,b)=d$,$(a',b')=d'$,则 $(aa',ab',ba',bb')=dd'$.

22. 证明:若 $n>0$,$d|2n^2$,则 n^2+d 不是完全平方数.

23. 证明:对于给定的 $n>0$,数对 $\{u,v\}$ 适合 $[u,v]=n$ 的对数为 n^2 的因数的个数.

24. 证明:对于任何自然数 n,$\dfrac{21n+4}{14n+3}$ 是既约分数.

25. 证明:若 $m>0$,$n>0$,$(m,n)=1$,方程 $x^m=y^n$ 的全部整数解可以由 $x=t^n$,$y=t^m$ 给出,其中 t 取任意整数.

26. 证明:对于平面上任给的五个整点(即点的坐标都是整数的点)$A_i(x_i,y_i)(i=1,2,\cdots,5)$,必有其中两点的连线的中点也是整点.

27. 证明:若方程组

$$a_{11}x_1+a_{12}x_2+\cdots+a_{1q}x_q=0,$$
$$a_{21}x_1+a_{22}x_2+\cdots+a_{2q}x_q=0,$$
$$\cdots\cdots$$
$$a_{p1}x_1+a_{p2}x_2+\cdots+a_{pq}x_q=0$$

中,未知数的个数 q 与方程的个数 p 间满足 $q=2p$,而且系数 a_{ij} 仅取 -1 或

0 或 1. 则这个方程组必有满足下列条件的解 $(x_1,\cdots,x_q)$：

① 所有的 x_j 都是整数；

② 对于某些 $j(1\leqslant j\leqslant q)$，$x_j\neq 0$；

③ 对所有 $j(1\leqslant j\leqslant q)$，$|x_j|\leqslant q$.

28. 设 $n>2$，V_n 是一个形如 $1+kn$ 的数集(其中 $k=1,2,\cdots$). 一个数 $m\in V_n$，如果不存在 $p,q\in V_n$，使得 $pq=m$，则称 m 为 V_n 中的不可约数. 证明：存在着一个数 $r\in V_n$，这个数可以用不止一种方式分解成为数集 V_n 中若干不可约数的乘积.

29. 证明：$\dfrac{[a,b,c]^2}{[a,b][b,c][c,a]}=\dfrac{(a,b,c)^2}{(a,b)(b,c)(c,a)}$.

30. 证明：一正整数为其诸因数(除本身外)之积的充分必要条件是此数为一素数的立方，或为两不同素数之积.

31. 证明 6 是仅有的无平方因子的完全数.

32. 证明 $2^{2^n}-1$ 至少有 n 个不同的素因数.

33. 证明 $\dfrac{1}{x}+\dfrac{1}{x+1}+\cdots+\dfrac{1}{x+n}(x>0)$ 不是整数.

34. 证明：若 p_n 表第 n 个素数，则 $p_n<2^{2^n}$.

35. 证明：若 $m>0,n>0$，m 是奇数，则 $(2^m-1,2^n+1)=1$.

36. 证明：若 $(a,b)=1$，$m>0$，则数列

$$\{a+bk\},\quad k=0,1,\cdots$$

中存在无限多个数与 m 互素.

37. 证明：若 $(a,b)=1$，$a+b\neq 0$，且 p 是一个奇素数，则

$$\left(a+b,\frac{a^p+b^p}{a+b}\right)=1\text{ 或 }p.$$

*38. 设 $a>0,b>0$，且 $a>b$，用辗转相除法求 (a,b) 时所进行的除法次数为 k，b 在十进制表示中的位数是 l，证明 $k\leqslant 5l$.

*39. 证明：若 n 个整数 $1\leqslant a_1<a_2<\cdots<a_n\leqslant 2n$ 中任意两个整数 a_i，a_j 的最小公倍数 $[a_i,a_j]>2n$，则 $a_1>\left[\dfrac{2n}{3}\right]$.

40. 设 $n>0$，求 $\dbinom{2n}{1},\dbinom{2n}{3},\cdots,\dbinom{2n}{2n-1}$ 的最大公因数.

41. 证明：若 $k>\left[\dfrac{n+1}{2}\right]$，则在 k 个整数 $1\leqslant a_1<a_2<\cdots<a_k\leqslant n$ 中存在 $a_i,a_j(1\leqslant i<j\leqslant k)$ 满足 $a_i+a_1=a_j$.

第二章 同 余 式

同余是数论中一个基本概念，它的引入简化了数论中许多问题. 目前，同余理论已发展成为初等数论中内容丰富，应用广泛的一个分支. 本章将着重介绍同余的基本性质和解某些同余式的一般方法.

§ 1 同余的定义和基本性质

定义 给定一个正整数 m，如果用 m 去除两个整数 a 和 b 所得的余数相同，我们就说 a,b 对模数 m **同余**，记作 $a\equiv b(\bmod m)$. 如果余数不同，我们就说 a，b 对模数 m 不同余，记作 $a\not\equiv b(\bmod m)$.

由同余的定义出发，立即可得以下一些性质.

1. $a\equiv a(\bmod m)$.（自反性）

2. 若 $a\equiv b(\bmod m)$，则 $b\equiv a(\bmod m)$.（对称性）

3. 若 $a\equiv b(\bmod m)$，$b\equiv c(\bmod m)$，则 $a\equiv c(\bmod m)$.（传递性）

我们有

定理 1 整数 a,b 对模数 m 同余的充分必要条件是 $m\mid a-b$.

证 设 $a\equiv b(\bmod m)$，则有 $a=mq_1+r$，$0\leqslant r<m$，$b=mq_2+r$，$0\leqslant r<m$，故 $a-b=m(q_1-q_2)$，$m\mid a-b$. 反之，设 $a=mq_1+r_1$，$b=mq_2+r_2$，$0\leqslant r_1<m$，$0\leqslant r_2<m$，$m\mid a-b$，则有

$$m\mid a-b=m(q_1-q_2)+r_1-r_2,$$

故 $m\mid r_1-r_2$，又因 $|r_1-r_2|<m$，便得 $r_1=r_2$. 证完

定理 1 告诉我们同余又可定义如下：若 $m|a-b$，则称 a,b 对模数 m 同余.

定理 2 如果 $a\equiv b \pmod m$，$\alpha\equiv\beta \pmod m$，则有

① $ax+\alpha y\equiv bx+\beta y \pmod m$，其中 x,y 为任给的整数；

② $a\alpha\equiv b\beta \pmod m$；

③ $a^n\equiv b^n \pmod m$，其中 $n>0$；

④ $f(a)\equiv f(b) \pmod m$，其中 $f(x)$ 为任意给定的一个整系数多项式.

证 ① 因为 $m|(a-b)$，$m|(\alpha-\beta)$，故有

$m|x(a-b)+y(\alpha-\beta)=(ax+\alpha y)-(bx+\beta y)$.

② 由 $m|\alpha(a-b)+b(\alpha-\beta)=a\alpha-b\beta$ 便知.

③ 由 ② 可证.

④ 由 ① 和 ③ 可证. 证完

现在，我们举几个例子来说明以上性质的应用.

例 1 一个整数 $n>0$ 被 9 整除的充分必要条件是 n 的各位数字(十进制)的和被 9 整除.

这是因为，如果

$$n=a_0+10a_1+10^2a_2+\cdots+10^ka_k,$$

由 $10^i\equiv 1 \pmod 9$ $(i=1,\cdots,k)$ 和定理 2 的 ④ 便得

$$n\equiv a_0+a_1+\cdots+a_k \pmod 9.$$

例 2 $641|F_5=2^{2^5}+1$.

我们有

$$2^8=256,\quad 2^{16}=65536\equiv 154 \pmod{641},$$

$$2^{32}\equiv(154)^2=23716\equiv 640\equiv -1 \pmod{641}.$$

例 3 当 n 是奇数时，$3|2^n+1$；当 n 是偶数时，$3\nmid 2^n+1$.

这是因为 $2\equiv -1 \pmod 3$，故 $2^n\equiv(-1)^n \pmod 3$，$2^n+1\equiv(-1)^n+1 \pmod 3$，即得 n 是奇数时，$2^n+1=0 \pmod 3$；n 是偶数时，$2^n+1\equiv 2 \pmod 3$.

定理 3 若 $ac\equiv bc \pmod m$，且若 $(m,c)=d$，则

$$a \equiv b\left(\operatorname{mod} \frac{m}{d}\right).$$

证　因为$m \mid c(a-b)$，故$\left.\frac{m}{d} \,\middle|\, \frac{c}{d}(a-b)\right.$，又因$\left(\frac{m}{d}, \frac{c}{d}\right)=1$，便知$\left.\frac{m}{d} \,\middle|\, (a-b)\right.$.　证完

定理 4　若 $a \equiv b(\operatorname{mod} m_i), i=1,2,\cdots,n$，则

$$a \equiv b(\operatorname{mod} [m_1,\cdots,m_n]).$$

证　因为$m_i \mid a-b, i=1,\cdots,n$，把 $a-b$ 和 $m_i(i=1,\cdots,n)$ 都写成因子相同的标准分解式，即可知$[m_1,\cdots,m_n] \mid a-b$. 所以

$$a \equiv b(\operatorname{mod} [m_1,\cdots,m_n]).$$

证完

§ 2　剩余类和完全剩余系

在 §1 中指出同余关系满足自反性，对称性，传递性，这告诉我们，对于整数集来说，同余是一等价关系. 这样，对于给定的任一正整数 m，利用模数 m 同余这个关系，就可以将全部整数分成若干类.

定义　设 m 是一个给定的正整数，$C_r(r=0,1,\cdots,m-1)$ 表示所有形如 $qm+r$ 的整数组成的集，其中 $q=0,\pm 1,\pm 2,\cdots$，则 $C_0,\cdots,C_{m-1}$ 叫做模数 m 的**剩余类**.

我们有

定理 1　设 $m>0, C_0, C_1, \cdots, C_{m-1}$ 是模数 m 的剩余类，则有

① 每一个整数恰包含在某一个类 C_j 里，这里 $0 \leqslant j \leqslant m-1$；

② 两个整数 x, y 属于同一类的充分必要条件是

$$x \equiv y(\operatorname{mod} m).$$

证　① 设 a 是任一整数，则有

$$a=qm+r, \quad 0 \leqslant r<m,$$

故 a 恰包含在 C_r 中.

② 设 a, b 是两个整数，并且都在 C_r 内，则

$$a = q_1 m + r, b = q_2 m + r,$$

故 $m \mid a - b$. 反之, $m \mid a - b$, 则由同余的定义即知 a 和 b 同在某一 C_r 类里, $0 \leqslant r < m$. 证完

定义 在模数 m 的剩余类 $C_0, C_1, \cdots, C_{m-1}$ 中各取一数 $a_j \in C_j$, $j = 0, 1, \cdots, m-1$, 此 m 个数 $a_0, a_1, \cdots, a_{m-1}$ 称为模数 m 的一组**完全剩余系**.

由此定义立得

定理 2 m 个整数作成模数 m 的一组完全剩余系的充分必要条件是两两对模数 m 不同余.

最常用的完全剩余系 $0, 1, 2, \cdots, m-1$, 它们称为模数 m 的**非负最小完全剩余系**.

定理 3 设 $(k, m) = 1$, 而 $a_1, \cdots, a_m$ 是模数 m 的一组完全剩余系, 则 $ka_1, \cdots, ka_m$ 是模数 m 的一组完全剩余系.

证 如果 $ka_i \equiv ka_j \pmod{m}$, $1 \leqslant i < j \leqslant m$, 则 $m \mid k(a_i - a_j)$. 又因为 $(k, m) = 1$, 故 $m \mid a_i - a_j$, 与所设矛盾. 这就是说 $ka_1, \cdots, ka_m$ 中没有两个数对模数 m 同余, 由定理 2 便知它们是模数 m 的一组完全剩余系. 证完

定理 4 设 $m_1 > 0, m_2 > 0, (m_1, m_2) = 1$, 而 x_1, x_2 分别通过模数 m_1, m_2 的完全剩余系, 则 $m_2 x_1 + m_1 x_2$ 通过模数 $m_1 m_2$ 的完全剩余系.

证 由假设知道 x_1, x_2 分别通过 m_1, m_2 个整数, 因此 $m_2 x_1 + m_1 x_2$ 通过 $m_1 m_2$ 个整数. 由定理 2 只需证明这 $m_1 m_2$ 个整数对模数 $m_1 m_2$ 两两不同余就够了. 假定

$$m_2 x_1' + m_1 x_2' \equiv m_2 x_1'' + m_1 x_2'' \pmod{m_1 m_2}, \tag{1}$$

其中 x_1', x_1'' 是 x_1 所通过的完全剩余系中的整数, 而 x_2', x_2'' 是 x_2 所通过的完全剩余系中的整数, 则由(1) 可得

$$m_2 x_1' \equiv m_2 x_1'' \pmod{m_1}, \quad m_1 x_2' \equiv m_1 x_2'' \pmod{m_2}.$$

因为 $(m_1, m_2) = 1$, 故得 $x_1' \equiv x_1'' \pmod{m_1}$, $x_2' \equiv x_2'' \pmod{m_2}$, 但 x_1', x_1'' 是取自模数 m_1 的完全剩余系中的数, 由此可得 $x_1' = x_1''$, 同

理 $x_2' = x_2''$. 这表明若 $\{x_1', x_2'\}$ 与 $\{x_1'', x_2''\}$ 不同，则(1) 式不能成立. 证完

1948 年，乔拉(Chowla) 等证明了以下定理.

定理 5 设 $n > 2$，并设 $a_1, \cdots, a_n$ 和 $b_1, \cdots, b_n$ 分别是模数 n 的一组完全剩余系，则 $a_1b_1, \cdots, a_nb_n$ 不是模数 n 的一组完全剩余系.

证明这个定理之前，先证明一个定理.

定理 6 设 p 是一个素数，则

$$(p-1)! + 1 \equiv 0 \pmod{p}. \tag{2}$$

证 $p = 2, 3$ 时，(2) 式显然成立. 现设 $p > 3$ 是一个奇素数，$S = \{2, 3, \cdots, p-2\}$，$a \in S$. 因为 $(a, p) = 1$，故有整数 m, n 使 $am + pn = 1$，即得 $am \equiv 1 \pmod{p}$. 设 $b = \langle m \rangle_p$，易知 $b \neq 1$，$b \neq p-1$，故 $b \in S$，且 $ab \equiv 1 \pmod{p}$. 现在，我们来证明 $a \neq b$，否则，由 $a = b$ 推出

$$(b-1)(b+1) \equiv 0 \pmod{p}, \tag{3}$$

而 $b \neq 1$，$b \neq p-1$，故(3) 不能成立. 现取 $a' \in S$，$a' \neq a$，$a' \neq b$，则有 $b' \in S$，使 $a'b' \equiv 1 \pmod{p}$，而且 $b' \neq a'$，$b' \neq a$，$b' \neq b$. 如此讨论下去，便知 S 中的数可分成 $\frac{p-3}{2}$ 对，每一对数 a，b，满足 $ab \equiv 1 \pmod{p}$，故得 $2 \cdot 3 \cdots (p-2) \equiv 1 \pmod{p}$，即得 $(p-1)! + 1 \equiv 0 \pmod{p}$. 证完

定理 6 就是熟知的威尔逊(Wilson) 定理.

定理 5 的证明

设 $4 \mid n$，如果 $a_1b_1, \cdots, a_nb_n$ 是模数 n 的一组完全剩余系，则其中有 $\frac{n}{2}$ 个奇数和 $\frac{n}{2}$ 个偶数. 不失一般情况，假设 $a_1b_1, \cdots, a_{n/2}b_{n/2}$ 是 $\frac{n}{2}$ 个奇数，则 $a_1, \cdots, a_{n/2}$ 和 $b_1, \cdots, b_{n/2}$ 分别是 $a_1, \cdots, a_n$ 和 $b_1, \cdots, b_n$ 中的 $\frac{n}{2}$ 个奇数. 由完全剩余系定义知在 $a_1b_1, a_2b_2, \cdots, a_nb_n$ 中存在某个 j，使

$$a_jb_j \equiv 2 \pmod{n},$$

故

$$a_jb_j\equiv 2(\bmod 4),且\frac{n}{2}+1\leqslant j\leqslant n, \tag{4}$$

但此时 $a_j\equiv b_j\equiv 0(\bmod 2)$，因此(4) 式不能成立.

当 $4\nmid n$ 时，可设 $n=qm$，这里 $q=p$ 或 $q=2p$，p 是一个奇素数，$2\nmid m$. 由定理 6 知，在 $q=p$ 时，

$$\prod_{\substack{j=1\\(j,p)=1}}^{p} j=(p-1)!\equiv -1(\bmod p). \tag{5}$$

在 $q=2p$ 时，

$$\prod_{\substack{j=1\\(j,2p)=1}}^{2p} j=1\cdot 3\cdot 5\cdots(p-2)(p+2)(p+4)\cdots(2p-1)$$

$$\equiv (p-1)!\equiv -1(\bmod p). \tag{6}$$

又

$$\prod_{\substack{j=1\\(j,2p)=1}}^{2p} j\equiv -1(\bmod 2). \tag{7}$$

由(6) 和(7) 及 §1 定理 4 得

$$\prod_{\substack{j=1\\(j,2p)=1}}^{2p} j\equiv -1(\bmod 2p). \tag{8}$$

由(5) 和(8) 可得

$$\prod_{\substack{j=1\\(j,q)=1}}^{n} j=\prod_{\substack{j=1\\(j,q)=1}}^{q-1} j\prod_{\substack{j=q+1\\(j,q)=1}}^{2q-1} j\cdots\prod_{\substack{j=(m-1)q+1\\(j,q)=1}}^{n} j\equiv(-1)^m=-1(\bmod q).$$

而

$$\prod_{\substack{j=1\\(a_j,q)=1}}^{n} a_j\equiv\prod_{\substack{j=1\\(b_j,q)=1}}^{n} b_j\equiv\prod_{\substack{j=1\\(j,q)=1}}^{n} j(\bmod q),$$

所以，如果 $n>2$，$a_1b_1,\cdots,a_nb_n$ 是模数 n 的一组完全剩余系，则得

$$-1\equiv\prod_{\substack{j=1\\(j,q)=1}}^{n} j\equiv\prod_{\substack{j=1\\(a_jb_j,q)=1}}^{n} a_jb_j$$

$$= \prod_{\substack{j=1 \\ (a_j,q)=1}}^{n} a_j \prod_{\substack{j=1 \\ (b_j,q)=1}}^{n} b_j \equiv 1 (\bmod q). \tag{9}$$

而 $q > 2$，所以(9)式不能成立．这就证明了在 $n > 2$ 时，$a_1b_1, \cdots, a_nb_n$ 不是模数 n 的一组完全剩余系． 证完

顺便指出，模数 m 的剩余类之间可以定义运算．由§1的定理1知，在任给的两个模数 m 的剩余类 C_i, C_j 中各取一代表 i, j，而令 $i+j$（或 $i \cdot j$）所在的剩余类为 $C_{\langle i+j \rangle}$（或 $C_{\langle i \cdot j \rangle}$），则 $C_{\langle i+j \rangle}$（或 $C_{\langle i \cdot j \rangle}$）仅与 C_i, C_j 有关，而与所选择之代表无关，故可定义 C_i, C_j 之间的加法 $\oplus$ 和乘法 $\odot$ 为

$$C_i \oplus C_j = C_{\langle i+j \rangle}, C_i \odot C_j = C_{\langle i \cdot j \rangle},$$

$C_0, C_1, \cdots, C_{m-1}$ 对上述加法和乘法成环，叫做模数 m **剩余类环**，记为 $Z/(m)$ 或 Z/mZ，它为抽象代数提供了具体例子．

§3 缩 系

首先引进缩系的定义．

定义 如果一个模数 m 的剩余类里面的数与 m 互素（显然，只需有一个与 m 互素，其余的均与 m 互素），就把它叫做一个**与模数 m 互素的剩余类**．在与模数 m 互素的全部剩余类中，各取一数所组成的集叫做模数 m 的一组**缩系**．

在讨论缩系的过程中，需要引入一个常用的数论函数——欧拉函数 $\varphi(n)$．

定义 **欧拉函数** $\varphi(n)$ 是一个定义在正整数集上的函数，$\varphi(n)$ 的值等于序列 $0, 1, 2, \cdots, n-1$ 中与 n 互素的数的个数．

由定义 $\varphi(1) = 1, \varphi(2) = 1, \varphi(3) = 2, \cdots$．当 p 是素数时，$\varphi(p) = p - 1$．

定理 1 模数 m 的一组缩系含有 $\varphi(m)$ 个数．

定理 2 若 $a_1, \cdots, a_{\varphi(m)}$ 是 $\varphi(m)$ 个与 m 互素的整数，则 $a_1, \cdots,$

$a_{\varphi(m)}$ 是模数 m 的一组缩系的充分必要条件是它们两两对模数 m 不同余.

定理 1 和定理 2 都是显然的.

定理 3 若 $(a,m)=1$，x 通过模数 m 的缩系，则 ax 也通过模数 m 的缩系.

证 当 x 通过模数 m 的缩系，则 ax 通过 $\varphi(m)$ 个整数，由于 $(a,m)=1$，$(x,m)=1$，故 $(ax,m)=1$. 若 $ax_1\equiv ax_2 \pmod m$，可得 $x_1\equiv x_2 \pmod m$，与所设 x 通过模数 m 的缩系矛盾，故 ax 通过模数 m 的缩系. 证完

定理 4 设 $m>1$，$(a,m)=1$，则

$$a^{\varphi(m)}\equiv 1 \pmod m.$$

证 设 $r_1,r_2,\cdots,r_{\varphi(m)}$ 是模数 m 的一组缩系，则由定理 3，ar_1，$ar_2,\cdots,ar_{\varphi(m)}$ 也是模数 m 的一组缩系，故

$$(ar_1)(ar_2)\cdots(ar_{\varphi(m)})\equiv r_1r_2\cdots r_{\varphi(m)} \pmod m,$$

即

$$a^{\varphi(m)}r_1r_2\cdots r_{\varphi(m)}\equiv r_1r_2\cdots r_{\varphi(m)} \pmod m. \tag{1}$$

由于

$$(r_i,m)=1,\quad i=1,2,\cdots,\varphi(m),$$

故

$$(r_1r_2\cdots r_{\varphi(m)},m)=1. \tag{2}$$

根据 §1 定理 3，再由(2)和(1)得

$$a^{\varphi(m)}\equiv 1 \pmod m.$$ 证完

由定理 4 立刻推得定理 5，它通常叫做**费马小定理**.

定理 5 若 p 是素数，则

$$a^p\equiv a \pmod p.$$

定理 6 设 $m_1>0$，$m_2>0$，$(m_1,m_2)=1$，x_1，x_2 分别通过模数 m_1，m_2 的缩系，则 $m_2x_1+m_1x_2$ 通过模数 m_1m_2 的缩系.

证 首先证明 $(m_2x_1+m_1x_2,m_1m_2)=1$. 否则，有素数 p，$p\mid m_2x_1+m_1x_2$，$p\mid m_1m_2$. 如 $p\mid m_1$，则 $p\mid m_2x_1$，而 $p\nmid x_1$，故 $p\mid m_2$，此

与$(m_1,m_2)=1$矛盾；如$p\mid m_2$，可得出相同的矛盾. 这就证明当x_1，x_2分别过模数m_1和m_2的缩系时，$\varphi(m_1)\cdot\varphi(m_2)$个数$m_2x_1+m_1x_2$均与$m_1m_2$互素.

反之，凡与m_1m_2互素之a有

$$a\equiv m_2x_1+m_1x_2(\bmod m_1m_2),\quad (x_1,m_1)=(x_2,m_2)=1. \tag{3}$$

这是因为，由§2的定理4知有x_1和x_2使$a\equiv m_2x_1+m_1x_2(\bmod m_1m_2)$，所以只需证明当$(a,m_1m_2)=1$时，$(x_1,m_1)=(x_2,m_2)=1$. 如果$(x_1,m_1)>1$，则有素数$q$，$q\mid x_1$，$q\mid m_1$. 而$a\equiv m_2x_1+m_1x_2(\bmod m_1m_2)$，由此推出$q\mid a$，与$(a,m_1m_2)=1$矛盾，故$(x_1,m_1)=1$. 同理可证$(x_2,m_2)=1$.

最后，再由§2的定理4知$m_2x_1+m_1x_2$中任两个对模数m_1m_2不同余.　证完

由定理6，立得

推论　若$(m_1,m_2)=1$，则$\varphi(m_1m_2)=\varphi(m_1)\varphi(m_2)$.

定理7　设n的标准分解$n=p_1^{a_1}p_2^{a_2}\cdots p_k^{a_k}$，则

$$\varphi(n)=n\left(1-\frac{1}{p_1}\right)\cdots\left(1-\frac{1}{p_k}\right).$$

证　由定理6的推论得

$$\varphi(n)=\varphi(p_1^{a_1})\cdots\varphi(p_k^{a_k}).$$

今证明$\varphi(p^a)=p^a-p^{a-1}$. 由$\varphi(n)$的定义知，$\varphi(p^a)$等于从p^a减去在$1,\cdots,p^a$中与p不互素的数的个数. 因为p是素数，故$\varphi(p^a)$等于从p^a减去在$1,\cdots,p^a$中被p整除的数的个数. 而在

$$1,\cdots,p,p+1,\cdots,2p,\cdots,p^{a-1}\cdot p$$

中，易知p的倍数共有p^{a-1}个，即得$\varphi(p^a)=p^a-p^{a-1}$.　证完

关于欧拉函数$\varphi(n)$的一些性质，我们在第三章中再讨论.

§4　一次同余式

本节讨论一次同余式. 先给出同余式和同余式的解的概念.

定义 设 $f(x)=a_nx^n+a_{n-1}x^{n-1}+\cdots+a_1x+a_0$，其中 $n>0$，$a_i(i=0,1,\cdots,n)$ 是整数，又设 $m>0$，则

$$f(x)\equiv 0(\bmod m) \tag{1}$$

叫做模数 m 的**同余式**. 若 $a_n\not\equiv 0(\bmod m)$，则 n 叫做(1)的**次数**. 如果 x_0 满足 $f(x_0)\equiv 0(\bmod m)$，则 $x\equiv x_0(\bmod m)$ 叫做同余式(1)的**解**. 不同的解是指互不同余的解.

要求同余式(1)的解，只要逐个把 $0,1,\cdots,m-1$ 代入(1)中进行验算总可以决定. 但当 m 大时，计算量往往太大.

例 1 用验算的方法知同余式

$$x^5+2x^4+x^3+2x^2-2x+3\equiv 0(\bmod 7)$$

仅有解 $x\equiv 1,5,6(\bmod 7)$.

例 2 同余式

$$x^4-1\equiv 0(\bmod 16)$$

有 8 个解：$x\equiv 1,3,5,7,9,11,13,15(\bmod 16)$.

例 3 同余式

$$x^2+3\equiv 0(\bmod 5)$$

没有解.

顺便指出，设 $k\geqslant 2$，$F(x_1,\cdots,x_k)$ 是一个 k 个元的整系数多项式，同余式

$$F(x,\cdots,x_k)\equiv 0(\bmod m) \tag{2}$$

的解 $x_1\equiv a_1(\bmod m),\cdots,x_k\equiv a_k(\bmod m)$，原则上也可以用验算的方法求出，但更复杂. 这时，(2)的两个解 $(a_1,\cdots,a_k)$，$(b_1,\cdots,b_k)$ 被叫做不同的解，则至少有一 $j(1\leqslant j\leqslant k)$ 使 $a_j\not\equiv b_j(\bmod m)$.

例 4 同余式

$$y^2-x^3+1\equiv 0(\bmod p),\ p\text{ 为素数}. \tag{3}$$

设 N_p 表示同余式(3)解的个数，则有 $N_2=2$，$N_3=3$，$N_5=5$，$N_7=3$，等等. 在后面的有关章节中，我们将看到，求同余式(2)的解的个数，是数论研究中的重要内容.

下面四个定理完全解决了一元一次同余式的解的问题.

定理 1　设$(a,m)=1,m>0$,则同余式

$$ax\equiv b(\bmod m)\tag{4}$$

恰有一个解.

证　因为$1,2,\cdots,m$组成一组模数m的完全剩余系,$(a,m)=1$,故$a,2a,\cdots,ma$也组成模数m的一组完全剩余系,故其中恰有一个数设为aj,适合$aj\equiv b(\bmod m)$,$x\equiv j(\bmod m)$就是(4)的惟一解.　证完

定理1并没有告诉我们如何去决定这个解,除非将$1,2,\cdots,m$逐一代入验算.下面这个定理,直接给出了解.

定理 2　在定理1的条件下,$x\equiv ba^{\varphi(m)-1}(\bmod m)$是(4)的惟一解.　证完

证　由§3的定理4,直接可得.　证完

定理 3　设$(a,m)=d,m>0$,同余式

$$ax\equiv b(\bmod m)\tag{5}$$

有解的充分必要条件是$d\mid b$.

证　如果(5)有解,则由$d\mid a,d\mid m$,推出$d\mid b$.如果$d\mid b$,则因$\left(\frac{a}{d},\frac{m}{d}\right)=1$,故同余式

$$\frac{a}{d}x\equiv\frac{b}{d}(\bmod \frac{m}{d})$$

有一组解,即(5)有一组解.　证完

定理 4　设$(a,m)=d,m>0,d\mid b$,则同余式

$$ax\equiv b(\bmod m)\tag{6}$$

恰有d个解.

证　由$d\mid b$和定理3知(6)有解.如有整数c适合(6),c也适合同余式

$$\frac{a}{d}x\equiv\frac{b}{d}(\bmod \frac{m}{d}).\tag{7}$$

反之,如c适合同余式(7),c也适合同余式(6).设t适合(7),则(7)有惟一解

$$x \equiv t \pmod{\frac{m}{d}},$$

即全体整数

$$t + k \cdot \frac{m}{d}, \quad k = 0, \pm 1, \pm 2, \cdots,$$

对模数 m 来说，恰可选出 d 个互不同余的整数

$$t, \quad t + \frac{m}{d}, \quad t + 2 \cdot \frac{m}{d}, \quad \cdots, \quad t + (d-1)\frac{m}{d}. \tag{8}$$

这是因为对于 $t + k\frac{m}{d}$，设 $k = qd + r$，$0 \leqslant r < d$，代入得 $t + k \cdot \frac{m}{d} = t + (qd + r)\frac{m}{d} = t + r\frac{m}{d} + qm \equiv t + r\frac{m}{d} \pmod{m}$.

又若 $0 \leqslant e < d$，$0 \leqslant f < d$，$t + e\frac{m}{d} \equiv t + f\frac{m}{d} \pmod{m}$，则推出 $f = e$. 这就证明了(6) 的任一解恰与(8) 中的某一数模数 m 同余，而(8) 中的d 个数，又模数 m 两两互不同余，即知(6) 恰有 d 个解. 证完

一般地，我们有

定理 5 设 $k \geqslant 1$，同余式

$$a_1x_1 + \cdots + a_kx_k + b \equiv 0 \pmod{m} \tag{9}$$

有解的充分和必要条件是

$$(a_1, \cdots, a_k, m) \mid b. \tag{10}$$

若条件(10) 满足，则(9) 的解数为 $m^{k-1}(a_1, \cdots, a_k, m)$.

证 由定理 3 和定理 4 知此对 $k = 1$ 为真. 现用归纳法来证明. 设$(a_1, \cdots, a_k, m) = d$，$(a_1, \cdots, a_{k-1}, m) = d_1$，则$(d_1, a_k) = d$.

由定理 4 知

$$a_kx_k + b \equiv 0 \pmod{d_1} \tag{11}$$

有 d 个解

$$x_k \equiv t \pmod{d_1}, \quad x_k \equiv t + \frac{d_1}{d} \pmod{d_1}, \cdots,$$

$$x_k = t + \frac{d_1}{d}(d-1)(\mathrm{mod}\ d_1),$$

故对模数 m 来说有 $d \cdot \frac{m}{d_1}$ 个解：

$$x_k \equiv t(\mathrm{mod}\ m), x_k \equiv t + d_1(\mathrm{mod}\ m), \cdots,$$

$$x_k \equiv t + d_1\left(\frac{m}{d_1} - 1\right)(\mathrm{mod}\ m),$$

……

$$x_k \equiv t + \frac{d_1}{d}(d-1)(\mathrm{mod}\ m), \cdots,$$

$$x_k \equiv t + \frac{d_1}{d}(d-1) + d_1\left(\frac{m}{d_1} - 1\right)(\mathrm{mod}\ m).$$

对(11)的一个解 x_k，设

$$\frac{a_n x_k + b}{d_1} = b_1,$$

由归纳法假定，

$$a_1 x_1 + \cdots + a_{k-1} x_{k-1} + b_1 d_1 \equiv 0(\mathrm{mod}\ m)$$

的解数为

$$m^{k-2}(a_1, \cdots, a_{k-1}, m) = m^{k-2} d_1,$$

故(9)的解数为

$$m^{k-2} d_1 \cdot d \cdot \frac{m}{d_1} = m^{k-1} d.$$

证完

§ 5　模数是素数的同余式

前一节已经看到同余式解的个数是很不规则的，但是对素数为模数的同余式，却有下面的拉格朗日(Lagrange)定理.

定理 1　设 p 是一个素数，

$$f(x) = a_n x^n + a_{n-1} x^{n-1} + \cdots + a_1 x + a_0,$$

$$n > 0, a_n \not\equiv 0(\mathrm{mod}\ p),$$

是一个整系数多项式. 则同余式

$$f(x) \equiv 0 \pmod{p} \tag{1}$$

最多有 n 个解.

证 我们对 $f(x)$ 的次数 n 进行归纳. 当 $n=1$ 时,设一次同余式为

$$a_1 x + a_0 \equiv 0 \pmod{p}, p \nmid a_1.$$

因为 $p \nmid a_1$,故恰有一解. 现在,假设定理对次数为 $n-1(n \geqslant 2)$ 的同余式真,现在我们来证明(1) 最多有 n 个解. 当 $n \geqslant p$ 时结论显然成立,故可设 $n \leqslant p-1$. 用反证法,假设同余式(1) 有 $n+1$ 个解

$$x_0, x_1, \cdots, x_n, x_i \not\equiv x_j \pmod{p}, 0 \leqslant i < j \leqslant n,$$

我们将导致一个矛盾. 因为

$$f(x) - f(x_0) = \sum_{k=1}^{n} a_k (x^k - x_0^k) = (x - x_0) g(x),$$

这里 $g(x)$ 是首项系数为 a_n 的 $n-1$ 次整系数多项式,因此有

$$f(x_k) - f(x_0) = (x_k - x_0) g(x_k) \equiv 0 \pmod{p},$$

但如 $k > 0$, $x_k - x_0 \not\equiv 0 \pmod{p}$, 故 $n-1$ 次同余式 $g(x) \equiv 0 \pmod{p}$ 有 n 个解,与归纳假设矛盾. 证完

应用拉格朗日定理可得下面的结果.

定理 2 设同余式

$$f(x) = a_n x^n + \cdots + a_1 x + a_0 \equiv 0 \pmod{p}$$

的解的个数大于 n,这里 p 是素数,a_i 是整数($i = 0,1,\cdots,n$),则 $p \mid a_i (i = 0,1,\cdots,n)$.

证 如果有某些系数不被 p 整除,设这些系数的足标最大的为 k,则 $k \leqslant n$. k 次同余式

$$a_k x^k + a_{k-1} x^{k-1} + \cdots + a_1 x + a_0 \equiv 0 \pmod{p}, p \nmid a_k$$

的解的个数大于 k,与定理 1 矛盾. 证完

定理 3 对于任给素数 p,多项式

$$f(x) = (x-1)(x-2)\cdots(x-p+1) - x^{p-1} + 1$$

的所有系数被 p 整除.

证 设 $g(x)=(x-1)(x-2)\cdots(x-p+1)$，则 $1,\cdots,p-1$ 是同余式

$$g(x)\equiv 0(\bmod p)$$

的 $p-1$ 个解. 由费马小定理，$1,\cdots,p-1$ 也是同余式

$$h(x)=x^{p-1}-1\equiv 0(\bmod p)$$

的 $p-1$ 个解，故同余式

$$f(x)\equiv g(x)-h(x)(\bmod p)$$

有 $p-1$ 个解，而 $f(x)$ 是 $p-2$ 次的多项式，由定理 2 知，其所有系数被 p 整除. 证完

注意到定理 3 中 $f(x)$ 的常数项是 $(-1)^{p-1}(p-1)!+1$，因此这里又一次证明了威尔逊定理.

定理 4 设素数 $p>3$，则有

$$\sum_{k=1}^{p-1}\frac{(p-1)!}{k}\equiv 0(\bmod p^2).$$

证 设

$$\begin{aligned}g(x)&=(x-1)(x-2)\cdots(x-p+1)\\&=x^{p-1}-s_1x^{p-2}+s_2x^{p-3}+\cdots-s_{p-2}x\\&\quad+(p-1)!,\end{aligned}\tag{2}$$

其中 $s_j(j=1,\cdots,p-2)$ 是整数，且

$$s_{p-2}=\sum_{k=1}^{p-1}\frac{(p-1)!}{k}.$$

由定理 3 知，$p\mid s_j(j=1,\cdots,p-2)$，在 (2) 中令 $x=p$，由于 $g(p)=(p-1)!$，故 (2) 给出

$$p^{p-1}-s_1p^{p-2}+\cdots-ps_{p-2}=0.\tag{3}$$

因为 $p>3$，对 (3) 取模数 p^3，得

$$ps_{p-2}\equiv 0(\bmod p^3),$$

故

$$s_{p-2}\equiv 0(\bmod p^2).$$

证完

定理 4 就是著名的 Wolstenholme 定理，它可等价地叙述为：设素数 $p>3$，以 $\frac{1}{s}$ 表整数 s' 使 $ss'\equiv 1(\bmod p^2)$，则

$$\sum_{k=1}^{p-1} \frac{1}{k} \equiv 0 \pmod{p^2}.$$

§6 孙子剩余定理及其应用举例

本节解一次同余式组

$$x \equiv b_1 \pmod{m_1}, \quad x \equiv b_2 \pmod{m_2}, \quad \cdots, \quad x \equiv b_k \pmod{m_k}. \tag{1}$$

在我国古代《孙子算经》里已经提出了这种形式的问题，并且很好地解决了它.《孙子算经》里所提出的问题之一如下：

“今有物不知其数，三三数之剩二，五五数之剩三，七七数之剩二，问物几何？”这就是求一次同余式组：

$$x \equiv 2 \pmod 3, \quad x \equiv 3 \pmod 5, \quad x \equiv 2 \pmod 7$$

的公解 x.

把孙子所用算法推广就成为定理 1.

定理 1(孙子剩余定理) 设 $m_1, m_2, \cdots, m_k$ 是 k 个两两互素的正整数，$m = m_1 \cdots m_k$，$m = m_i M_i (i = 1, \cdots, k)$，则同余式组(1) 有惟一解

$$x \equiv M_1' M_1 b_1 + M_2' M_2 b_2 + \cdots + M_k' M_k b_k \pmod m, \tag{2}$$

其中

$$M_i' M_i \equiv 1 \pmod{m_i} \ (i = 1, \cdots, k).$$

证 由于$(m_i, m_j) = 1, i \neq j$，即得$(M_i, m_i) = 1$. 由 §4 的定理 1 知对每一 M_i，有一 M_i' 存在使得 $M_i' M_i \equiv 1 \pmod{m_i}$. 另一方面，由 $m = m_i M_i$，因此 $m_j | M_i, i \neq j$，故

$$\sum_{j=1}^{k} M_j' M_j b_j \equiv M_i' M_i b_i \equiv b_i \pmod{m_i}, i = 1, \cdots, k,$$

即(2) 为(1) 的解.

若 x_1, x_2 是适合(1) 式的任意两个整数，则

$$x_1 \equiv x_2 \pmod{m_i} \ (i = 1, \cdots, k).$$

因为$(m_i,m_j)=1,i\neq j$,于是$x_1\equiv x_2(\bmod m)$,故(1)仅有解(2).

证完

定理 2 一次同余式组

$$x\equiv b_1(\bmod m_1),x\equiv b_2(\bmod m_2) \tag{3}$$

可解的充分必要条件是$(m_1,m_2)\mid b_1-b_2$,且当(3)可解时对模数$[m_1,m_2]$有惟一解.

证 设(3)有公解x_0,$(m_1,m_2)=d$,则有

$$x_0\equiv b_1(\bmod d),x_0\equiv b_2(\bmod d),$$

两式相减即得$d\mid b_1-b_2$.

反之,若$(m_1,m_2)\mid b_1-b_2$,则因$x\equiv b_1(\bmod m_1)$的解可写为$x=b_1+m_1y$,代入$x\equiv b_2(\bmod m_2)$得

$$m_1y\equiv b_2-b_1(\bmod m_2). \tag{4}$$

因为$(m_1,m_2)=d,d\mid b_2-b_1$,故(4)有解,设为$y_0$,且对模数$\frac{m_2}{d}$有惟一解$y\equiv y_0(\bmod \frac{m_2}{d})$,即

$$y=y_0+\frac{m_2}{d}t\quad (t=0,\pm 1,\pm 2,\cdots).$$

故(3)的全部解为

$$x=b_1+m_1y_0+\frac{m_1m_2}{d}t\ (t=0,\pm 1,\pm 2,\cdots).$$

这些解对模数$[m_1,m_2]$来讲都是同余的,故(3)的解对模数$[m_1,m_2]$惟一.

证完

对于一次同余式组

$$x\equiv b_1(\bmod m_1),x\equiv b_2(\bmod m_2),\cdots,x\equiv b_k(\bmod m_k)$$

$k\geqslant 3$的情形,可先解前面两个得$x\equiv b_2'(\bmod [m_1,m_2])$,再与$x\equiv b_3(\bmod m_3)$联立解出$x\equiv b_3'(\bmod [m_1,m_2,m_3])$.如此继续下去,最后可得惟一解$x\equiv b_k'(\bmod [m_1,\cdots,m_k])$.如果中间有一步出现无解,则同余式组无解.

孙子剩余定理是初等数论中重要定理之一,下面举一个应用

孙子剩余定理的简单例子.另一个应用孙子剩余定理的例子在§8中介绍.

定理 3 若 m_1, m_2, …, m_k 是 k 个两两互素的正整数, $m = m_1 \cdots m_k$, 则同余式

$$f(x) \equiv 0 \pmod{m} \tag{5}$$

有解的充分必要条件是同余式

$$f(x) \equiv 0 \pmod{m_i} \ (i = 1, \cdots, k) \tag{6}$$

的每一个有解.并且,若用 T_i 表示 $f(x) \equiv 0 \pmod{m_i}$ 的解数,T 表示(5)的解数,则 $T = T_1 T_2 \cdots T_k$.

证 设 x_0 是适合(5)的整数,则由 $f(x_0) \equiv 0 \pmod{m}$, 可得 $f(x_0) \equiv 0 \pmod{m_i} (i = 1, \cdots, k)$. 反之, 若 x_i 适合 $f(x_i) \equiv 0 \pmod{m_i} (i = 1, \cdots, k)$,因为 $1 \leqslant i < j \leqslant k$ 时,$(m_i, m_j) = 1$,由孙子剩余定理有惟一的 x_0,$0 \leqslant x_0 < m$,适合 $x_0 \equiv x_i \pmod{m_i}$ $(i = 1, \cdots, k)$, 且 $f(x_0) \equiv f(x_i) \equiv 0 \pmod{m_i} (i = 1, \cdots, k)$,故 $f(x_0) \equiv 0 \pmod{m}$.这就证明了同余式(5)有解的充分必要条件是同余式组(6)的每一个有解.

现设 $f(x) \equiv 0 \pmod{m_i}$ 的 T_i 个不同的解是

$$x \equiv u_{i,e_i} \pmod{m_i}, 0 \leqslant u_{i,e_i} < m_i (e_i = 1, 2, \cdots, T_i; i = 1, \cdots, k).$$

对其中任一组$(u_{1,e_1} u_{2,e_2}, \cdots, u_{k,e_k})$,由孙子剩余定理可得惟一的 x, $0 \leqslant x < m$,是(5)的解,且不同的组,得到的(5)的解 x 也不同,故有 $T_1 T_2 \cdots T_k \leqslant T$.反之,设 $x_1, \cdots, x_T$, $0 \leqslant x_i < m (i = 1, \cdots, T)$,是(5)的 T 个解,则对某 $j (1 \leqslant j \leqslant T)$,$(\langle x_j \rangle_{m_1}, \cdots, \langle x_j \rangle_{m_k})$ 是某一组$(u_{1,e_1}, \cdots, u_{k,e_k})$,且$(\langle x_i \rangle_{m_1}, \cdots, \langle x_i \rangle_{m_k})$, $i = 1, \cdots, T$,是不同的,故 $T \leqslant T_1 \cdots T_k$,这就证明了 $T = T_1 \cdots T_k$. 证完

例 解同余式 $6x^3 + 27x^2 + 17x + 20 \equiv 0 \pmod{30}$.

解 设 $f(x) = 6x^3 + 27x^2 + 17x + 20$,由定理 3 知解同余式 $f(x) \equiv 0 \pmod{30}$ 可先分别解以下两同余式:

$$f(x) \equiv 0 \pmod{5}, f(x) \equiv 0 \pmod{6}.$$

容易验证第一个同余式有解

$$x \equiv 0,1,2 \pmod 5,$$

第二个同余式有解

$$x \equiv 2,5 \pmod 6.$$

由孙子剩余定理，当(b_1,b_2)取$(0,2)$，$(0,5)$，$(1,2)$，$(1,5)$，$(2,2)$，$(2,5)$时，得到$f(x) \equiv 0 \pmod{30}$的6个解

$$\begin{aligned} x &\equiv 6b_1 + 25b_2 \\ &\equiv 2,5,11,17,20,26 \pmod{30}. \end{aligned}$$

我们已经知道$m > 1$时，m可写成标准分解式$m = p_1^{\alpha_1}p_2^{\alpha_2}\cdots p_k^{\alpha_k}$，由定理3知，欲解$f(x) \equiv 0 \pmod m$，只需解同余式组$f(x) = 0 \pmod{p_i^{\alpha_i}}$ $(i = 1,2,\cdots,k)$. 下一节，就来讨论模数为素数幂的同余式.

§7　模数是素数幂的同余式

本节讨论模数是素数幂的同余式

$$f(x) = a_n x^n + \cdots + a_1 x + a_0 \equiv 0 \pmod{p^\alpha}, \tag{1}$$

$$n > 0, \quad p^\alpha \nmid a_n,$$

其中p是素数，$\alpha \geqslant 1$.

显然，适合(1)的每一个整数都适合同余式

$$f(x) \equiv 0 \pmod p. \tag{2}$$

但反过来不一定成立，例如2是$x^{10} - 1 \equiv 0 \pmod{11}$的解，但不是$x^{10} - 1 \equiv 0 \pmod{11^2}$的解. 因此(1)的解可在(2)的解中去找. 如(2)无解，自然(1)也无解.

如何由(2)的解来找(1)的解呢？我们有

定理1　设$x \equiv x_1 \pmod p$，即

$$x = x_1 + pt_1 (t_1 = 0, \pm 1, \pm 2, \cdots) \tag{3}$$

是(2)的一个解，且$p \nmid f'(x_1)$，这里$f'(x) = \sum_{i=1}^{n} i a_i x^{i-1}$表示$f(x)$

的导函数，则(3)恰好给出(1)的一个解 $x \equiv x_\alpha \pmod{p^\alpha}$，即

$$x = x_\alpha + p^\alpha t_\alpha (t_\alpha = 0, \pm 1, \pm 2, \cdots),$$

其中 $x_\alpha \equiv x_1 \pmod{p}$.

证　我们用数学归纳法来证明. 当 $\alpha = 1$ 时，定理显然成立. 现假定定理对 $\alpha - 1(\alpha \geqslant 2)$ 成立，即(3)恰好给出

$$f(x) \equiv 0 \pmod{p^{\alpha-1}}$$

的一个解

$$x = x_{\alpha-1} + p^{\alpha-1} t_{\alpha-1} (t_{\alpha-1} = 0, \pm 1, \pm 2, \cdots),$$

其中 $x_{\alpha-1} \equiv x_1 \pmod{p}$. 把 $x = x_{\alpha-1} + p^{\alpha-1} t_{\alpha-1}$ 代入(1)，由 $2\alpha - 2 \geqslant \alpha$，可得

$$f(x_{\alpha-1}) + p^{\alpha-1} t_{\alpha-1} f'(x_{\alpha-1}) \equiv 0 \pmod{p^\alpha},$$

但 $f(x_{\alpha-1}) \equiv 0 \pmod{p^{\alpha-1}}$，因此

$$t_{\alpha-1} f'(x_{\alpha-1}) \equiv -\frac{f(x_{\alpha-1})}{p^{\alpha-1}} \pmod{p}.$$

由 $x_{\alpha-1} \equiv x_1 \pmod{p}$，即得

$$t_{\alpha-1} f'(x_1) \equiv -\frac{f(x_{\alpha-1})}{p^{\alpha-1}} \pmod{p}.$$

由于 $(f'(x_1), p) = 1$，故上式恰有一解

$$t_{\alpha-1} = t'_{\alpha-1} + p t_\alpha (t_\alpha = 0, \pm 1, \cdots),$$

这就得到了(1)的解

$$\begin{aligned} x &= x_{\alpha-1} + p^{\alpha-1}(t'_{\alpha-1} + p t_\alpha) \\ &= x_{\alpha-1} + p^{\alpha-1} t'_{\alpha-1} + p^\alpha t_\alpha (t_\alpha = 0, \pm 1, \cdots). \end{aligned}$$

令 $x_{\alpha-1} + p^{\alpha-1} t'_{\alpha-1} = x_\alpha$，即 $x \equiv x_\alpha \pmod{p^\alpha}$ 是(1)的一个解，且 $x_\alpha \equiv x_1 \pmod{p}$.　　证完

由这个定理可得以下推论.

推论　设 $f(x) \equiv 0 \pmod{p}$ 和 $f'(x) \equiv 0 \pmod{p}$ 无公解，则同余式 $f(x) \equiv 0 \pmod{p^\alpha}$ 和同余式 $f(x) \equiv 0 \pmod{p}$ 的解数相同.

定理的证明是构造性的，它提供了一个由(2)的解求(1)的解

的方法.现举一例来说明.

例　求同余式 $f(x)=x^3-4x^2+5x-6\equiv 0(\bmod 27)$ 的解.

解　$f(x)\equiv 0(\bmod 3)$，$f'(x)\equiv 0(\bmod 3)$ 无公解，$f(x)\equiv 0(\bmod 3)$ 有惟一解 $x\equiv 0(\bmod 3)$. 以 $x=3t_1$ 代入 $f(x)\equiv 0(\bmod 9)$ 得

$$f(0)+3t_1f'(0)\equiv 0(\bmod 9).$$

但 $f(0)\equiv 3(\bmod 9)$，$f'(0)\equiv 5(\bmod 9)$，故

$$3+6t_1\equiv 0(\bmod 9),$$
$$1+2t_1\equiv 0(\bmod 3),$$
$$t_1\equiv 1(\bmod 3),$$

因此 $t_1=1+3t_2$，$x=3+9t_2$ 是 $f(x)\equiv 0(\bmod 9)$ 的惟一解.将 $x=3+9t_2$ 代入 $f(x)\equiv 0(\bmod 27)$ 得

$$f(3)+9t_2f'(3)\equiv 0(\bmod 27).$$

但 $f(3)\equiv 0(\bmod 27)$，$f'(3)\equiv 8(\bmod 27)$，故

$$8\cdot 9t_2\equiv 0(\bmod 27),$$
$$8t_2\equiv 0(\bmod 3),$$
$$t_2\equiv 0(\bmod 3),$$

设 $t_2=3t_3$，$x=3+27t_3$，$x\equiv 3(\bmod 27)$ 是 $f(x)\equiv 0(\bmod 27)$ 的惟一解.

设 $k\geqslant 2$，$f(x_1,\cdots,x_k)$ 是一个 k 元的整系数多项式，对于同余式

$$f(x_1,\cdots,x_k)\equiv 0(\bmod p^\alpha) \tag{4}$$

和同余式

$$f(x_1,\cdots,x_k)\equiv 0(\bmod p) \tag{5}$$

的解，这里 p 是素数，$\alpha\geqslant 1$，我们能够得到类似于定理 1 的结果：

定理 2　设 $\boldsymbol{X}_1=(a_1^{(1)},\cdots,a_k^{(1)})$ 是(5)的一个解，且至少存在一个 j，$1\leqslant j\leqslant k$，使 $\dfrac{\partial f}{\partial x_j}(a_1^{(1)},\cdots,a_k^{(1)})\not\equiv 0(\bmod p)$，这里 $\dfrac{\partial f}{\partial x_j}$ 表示

$f(x_1,\cdots,x_k)$ 对 x_j 的偏导函数，则 $\boldsymbol{X}_1$ 恰好给出(4)的一个解 $\boldsymbol{X}_\alpha=(a_1^{(\alpha)},\cdots,a_k^{(\alpha)})$，且满足 $\boldsymbol{X}_1\equiv\boldsymbol{X}_\alpha \pmod p$（即 $\boldsymbol{X}_1$ 和 $\boldsymbol{X}_\alpha$ 的对应分量满足 $a_i^{(1)}\equiv a_i^{(\alpha)} \pmod p$，$i=1,\cdots,k$）.

定理 2 的证明可参看：孙琦，关于同余式 $\sum_{j=1}^{n} a_j x_j^{d_j}\equiv b \pmod{p^l}$ 的解的个数. 数学研究与评论，1995(4)，599 − 601.

§ 8　整数的剩余表示

同余理论在计算机技术中有许多应用，本节将要介绍整数的剩余表示，就是应用之一.

定义　设 $m_1>0,\cdots,m_k>0,(m_i,m_j)=1,0<i<j\leqslant k$，一个整数 x 对于模数 $m_1,\cdots,m_k$ 的剩余表示是指序列 $(\langle x\rangle_{m_1},\langle x\rangle_{m_2},\cdots,\langle x\rangle_{m_k})$，记作 $x\leftrightarrow(\langle x\rangle_{m_1},\langle x\rangle_{m_2},\cdots,\langle x\rangle_{m_k})$.

例 1　设 $m_1=2,m_2=3,m_3=5$，则 22 的剩余表示为(0,1,2).

显然，一个数的剩余表示是惟一的. 但是，反过来不真，就是说可以有许多数具有同一个剩余表示.

例 2　设 $m_1=2,m_2=3,m_3=5$，则所有形如 $30t+22$ 的整数，其剩余表示均为(0,1,2).

定理 1　设 $m_1>0,\cdots,m_k>0,(m_i,m_j)=1,0<i<j\leqslant k$，两个整数 x,x' 对于模数 $m_1,\cdots,m_k$ 的剩余表示相同的充分必要条件是 $x\equiv x' \pmod M$，这里 $M=m_1\cdots m_k$.

证　设 x 和 x' 对于模数 $m_1,\cdots,m_k$ 的剩余表示分别为

$$(\langle x\rangle_{m_1},\langle x\rangle_{m_2},\cdots,\langle x\rangle_{m_k})$$

和

$$(\langle x'\rangle_{m_1},\langle x'\rangle_{m_2},\cdots,\langle x'\rangle_{m_k}),$$

其中

$$\langle x\rangle_{m_i} = x - q_i m_i, \quad 0 \leqslant \langle x\rangle_{m_i} < m_i;$$

$$\langle x'\rangle_{m_i} = x' - q'_i m_i, \quad 0 \leqslant \langle x'\rangle_{m_i} < m_i,$$

$$i = 1,\cdots,k,$$

如果$\langle x\rangle_{m_i} = \langle x'\rangle_{m_i}(i = 1,\cdots,k)$,则

$$m_i | x - x',$$

故 $M|x - x'$.

反之,设 $M|x - x'$,因为 $x - x' = \langle x\rangle_{m_i} + q_i m_i - q'_i m_i - \langle x'\rangle_{m_i}(i = 1,\cdots,k)$,故 $m_i|\langle x\rangle_{m_i} - \langle x'\rangle_{m_i}(i = 1,\cdots,k)$,由此推出 $\langle x\rangle_{m_i} = \langle x'\rangle_{m_i}(i = 1,\cdots,k)$. 证完

如果我们限定$0 \leqslant x < M = m_1\cdots m_k$,那么,不同的整数$x$对于模数 $m_1,\cdots,m_k$ 的剩余表示,也是不同的.

例 3 取 $m_1 = 2, m_2 = 3, m_3 = 5$,则 0 到 29 的剩余表示为

$$0 \leftrightarrow (0,0,0), \quad 1 \leftrightarrow (1,1,1),$$
$$2 \leftrightarrow (0,2,2), \quad 3 \leftrightarrow (1,0,3),$$
$$4 \leftrightarrow (0,1,4), \quad 5 \leftrightarrow (1,2,0),$$
$$6 \leftrightarrow (0,0,1), \quad 7 \leftrightarrow (1,1,2),$$
$$8 \leftrightarrow (0,2,3), \quad 9 \leftrightarrow (1,0,4),$$
$$10 \leftrightarrow (0,1,0), \quad 11 \leftrightarrow (1,2,1),$$
$$12 \leftrightarrow (0,0,2), \quad 13 \leftrightarrow (1,1,3),$$
$$14 \leftrightarrow (0,2,4), \quad 15 \leftrightarrow (1,0,0),$$
$$16 \leftrightarrow (0,1,1), \quad 17 \leftrightarrow (1,2,2),$$
$$18 \leftrightarrow (0,0,3), \quad 19 \leftrightarrow (1,1,4),$$
$$20 \leftrightarrow (0,2,0), \quad 21 \leftrightarrow (1,0,1),$$
$$22 \leftrightarrow (0,1,2), \quad 23 \leftrightarrow (1,2,3),$$
$$24 \leftrightarrow (0,0,4), \quad 25 \leftrightarrow (1,1,0),$$
$$26 \leftrightarrow (0,2,1), \quad 27 \leftrightarrow (1,0,2),$$
$$28 \leftrightarrow (0,1,3), \quad 29 \leftrightarrow (1,2,4),$$

我们有

定义 设 $m_1>0,\cdots,m_k>0,(m_i,m_j)=1,0<i<j\leqslant k$，$M=m_1\cdots m_k,0\leqslant x<M$，此时整数 x 对于模数 $m_1,\cdots,m_k$ 的剩余表示 $(\langle x\rangle_{m_1},\cdots,\langle x\rangle_{m_k})$ 也叫做 x 的**模数系数记数法**.

如果知道了整数 x 的模数系数记数法 $(\langle x\rangle_{m_1},\cdots,\langle x\rangle_{m_k})$，那么用孙子剩余定理便知可惟一定出 x. 因此，有

定理 2 设 $Z_l=\{0,1,\cdots,l-1\}$ 表示 l 的最小非负剩余组成的集，设 $m_1>0,\cdots,m_k>0,(m_i,m_j)=1,0<i<j\leqslant k,0\leqslant x<m_1\cdots m_k$，则集

$$S=\{x\mid 0\leqslant x<m_1\cdots m_k\}$$

与集

$$S_1=\{(a_1,\cdots,a_k)\mid a_j\in Z_{m_j},j=1,\cdots,k\}$$

之间存在一一对应.

关于整数的剩余表示，还有以下两个重要性质.

定理 3 设 x 和 y 的剩余表示分别为 $(\langle x\rangle_{m_1},\cdots,\langle x\rangle_{m_k})$ 和 $(\langle y\rangle_{m_1},\cdots,\langle y\rangle_{m_k})$，则有

① $\langle x\pm y\rangle_M$ 的剩余表示为 $(\langle\langle x\rangle_{m_1}\pm\langle y\rangle_{m_1}\rangle_{m_1},\cdots,\langle\langle x\rangle_{m_k}\pm\langle y\rangle_{m_k}\rangle_{m_k})$.

② $\langle x\cdot y\rangle_M$ 的剩余表示为 $(\langle\langle x\rangle_{m_1}\langle y\rangle_{m_1}\rangle_{m_1},\cdots,\langle\langle x\rangle_{m_k}\langle y\rangle_{m_k}\rangle_{m_k})$.

证 在第一章 §1 中，我们证明了 $\langle x\pm y\rangle=\langle\langle x\rangle\pm\langle y\rangle\rangle$，$\langle xy\rangle=\langle\langle x\rangle\langle y\rangle\rangle$，便知定理 3 成立. 证完

显然有

推论 如果 $0\leqslant x<M,0\leqslant y<M,0\leqslant xy<M,0\leqslant x\pm y<M$，则在定理 3 中把整数的剩余表示换成整数的模数系数记数法，则结论仍然成立.

例 4 对于模数 4,3,5,11，

$$x=102\leftrightarrow(2,0,2,3),$$

$$y=211\leftrightarrow(3,1,1,2),$$

则

$$\begin{array}{r} 102 \\ +\ 211 \\ \hline \langle 313\rangle_{660} \end{array} = 313 \leftrightarrow \begin{array}{r} (2,0,2,3) \\ (3,1,1,2) \\ \hline (1,1,3,5) \end{array}$$

例 5　对于模数 4,3,5,11.

$$x = 25 \leftrightarrow (1,1,0,3)$$

$$y = 21 \leftrightarrow (1,0,1,10)$$

$$\begin{array}{r} 25 \\ \times\ 21 \\ \hline 25 \\ 50\ \ \\ \hline \langle 525\rangle_{660} \end{array} = 525 \leftrightarrow \begin{array}{r} (1,1,0,3\ \ ) \\ (1,0,1,10) \\ \hline (1,0,0,8\ \ ) \end{array}$$

由定理 3 可知,这里乘法和加法无需进位,特别是乘法无需进位,这在计算机的制造和使用上,将带来很大的方便.特别是,用模数系数记数法,Z_M 中的数对模数 M 的运算,可以分别通过 Z_{m_j} 中的数对模数 $m_j(j=1,\cdots,k)$ 的运算来完成.

§ 9　逐步淘汰原则

在数论中,常常遇到一些计数的问题,这些计数问题归结到计算有限集 S 中不属于某些指定子集的元素的个数.例如,求 1000 中不能被 4 也不能被 5 整除的整数的个数.设 $S=\{1,2,\cdots,1000\}$,$S_1=\{4k,1\leqslant k\leqslant\frac{1000}{4}\}$,$S_2=\{5k,1\leqslant k\leqslant\frac{1000}{5}\}$,$S_1\cap S_2=\{20k,1\leqslant k\leqslant\frac{1000}{20}\}$,则所求个数 $=|S|-|S_1|-|S_2|+|S_1S_2|=1000-250-200+50=6007$.这里记号 $|A|$ 表集 A 中元素的个数,$S_1\cap S_1$ 简记为 S_1S_2.

一般地,设 $S_1,\cdots,S_n$ 是 S 的 n 个子集,T 是 S 的一个子集,$S\backslash T$ 表示 S 中不在 T 中元素的集,故 $S\backslash\bigcup\limits_{i=1}^{n}S_i$ 表示 S 中所有不属于 S_1,

$\cdots,S_n$ 中任一个的元素的集. 我们有

定理 1(逐步淘汰原则) 设 $S_1,\cdots,S_n$ 是有限集 S 的给定的 n 个子集,则有

$$\left|S\backslash\bigcup_{i=1}^{n}S_i\right| = |S| - \sum_{1\leqslant i\leqslant n}|S_i| + \sum_{1\leqslant i<j\leqslant n}|S_iS_j| - \sum_{1\leqslant i<j<k\leqslant n}|S_iS_jS_k| + \cdots + (-1)^n|S_1\cdots S_n|. \tag{1}$$

证 我们用归纳法来证明(1) 式. (1) 中 $n=2$ 时,显然有 $|S\backslash S_1\cup S_2| = |S| - |S_1| - |S_2| + |S_1S_2|$. 现设 $n=r-1$ 时 (1) 成立,来证 $n=r$ 时,(1) 也成立.

由于

$$\begin{aligned}S\backslash\bigcup_{i=1}^{r-1}S_i &= (S\backslash\bigcup_{i=1}^{r}S_i)\cup(S\backslash\bigcup_{i=1}^{r-1}S_i)S_r\\ &= (S\backslash\bigcup_{i=1}^{r}S_i)\cup(S_r\backslash\bigcup_{i=1}^{r-1}S_iS_r),\end{aligned}$$

以及集 $S\backslash\bigcup_{i=1}^{r}S_i$ 和集 $S_r\backslash\bigcup_{i=1}^{r-1}S_iS_r$ 没有公共元素,故得

$$\left|S\backslash\bigcup_{i=1}^{r-1}S_i\right| = \left|S\backslash\bigcup_{i=1}^{r}S_i\right| + \left|S_r\backslash\bigcup_{i=1}^{r-1}S_iS_r\right|,$$

即

$$\left|S\backslash\bigcup_{i=1}^{r}S_i\right| = \left|S\backslash\bigcup_{i=1}^{r-1}S_i\right| - \left|S_r\backslash\bigcup_{i=1}^{r-1}S_iS_r\right|.$$

由归纳假设,故

$$\begin{aligned}\left|S\backslash\bigcup_{i=1}^{r}S_i\right| &= |S| - \sum_{1\leqslant i\leqslant r-1}|S_i| + \sum_{1\leqslant i<j\leqslant r-1}|S_iS_j|\\ &\quad - \cdots + (-1)^{r-1}|S_1\cdots S_{r-1}| - \Big(|S_r| - \sum_{1\leqslant i\leqslant r-1}|S_iS_r|\\ &\quad + \sum_{1\leqslant i<j\leqslant r-1}|S_iS_jS_r| - \cdots + (-1)^{r-1}|S_1\cdots S_{r-1}S_r|\Big)\\ &= |S| - \sum_{1\leqslant i\leqslant r}|S_i| + \sum_{1\leqslant i<j\leqslant r}|S_iS_j| - \cdots + (-1)^r|S_1\cdots S_r|.\end{aligned}$$

这就证明了(1) 在 $n=r$ 时也成立. 证完

作为逐步淘汰原则应用的一个例子,我们再次给出 $\varphi(n)$ 的公式.

例　设 $n = p_1^{\alpha_1}\cdots p_k^{\alpha_k}$，$p_1,\cdots,p_k$ 是不同的素数，则

$$\varphi(n) = n\prod_{p\mid n}\left(1-\frac{1}{p}\right).$$

设 $S = \{1,\cdots,n\}$，$S_j = \{tp_j, 1 \leqslant t \leqslant \frac{n}{p_j}\}$，$1 \leqslant j \leqslant k$. 因为当 $d\mid n$ 时，S 中有 $\frac{n}{d}$ 个 d 的倍数，故

$$|S_j| = \frac{n}{p_j}, |S_iS_j| = \frac{n}{p_ip_j}, \cdots, |S_1\cdots S_k| = \frac{n}{p_1\cdots p_k}.$$

由定理 1 可得

$$\begin{aligned}\varphi(n) &= |S\setminus \bigcup_{i=1}^{k} S_i| \\ &= n - \sum_{i=1}^{k}\frac{n}{p_i} + \sum_{1\leqslant i<j\leqslant k}\frac{n}{p_ip_j} - \cdots + (-1)^k\frac{n}{p_1\cdots p_k} \\ &= n\sum_{p\mid n}\left(1-\frac{1}{p}\right).\end{aligned}$$

下面，应用定理 1 来计算模数 n 的缩系中属于某个给定的模数 d 的剩余类中的数的个数，这里 $d\mid n$. 我们有

定理 2　给定整数 $n > 1$，$d > 0$ 和 r，这里 $d\mid n$，且 $(r,d) = 1$，则集

$$S = \{r + td, t = 1,\cdots,\frac{n}{d}\}$$

中与 n 互素的数的个数是 $\frac{\varphi(n)}{\varphi(d)}$.

证　因为 $(r,d) = 1$，故素数 p 若适合 $p\mid n$，及对某个 $r + td \in S$ 有 $p\mid r + td$，则 $p\nmid d$. 因此，设 $p_1,\cdots,p_m$ 是满足上述条件的所有素数，则 $p_j\nmid d$，$j = 1,\cdots,m$，且设 $n' = p_1\cdots p_m$. S 中与 n 互素的数是那些不为 $p_1,\cdots,p_m$ 中任一个所整除的数. 设

$$S_i = \{x\mid x \in S, p_i\mid x\},\quad i = 1,\cdots,m.$$

因为 $p_i\nmid d$，故恰有惟一的 $t \pmod{p_i}$ 满足

$$r + td \equiv 0 \pmod{p_i},$$

故在以下每一个区间

$$[1,p_i],\quad [p_i+1,2p_i],\quad \cdots,\quad [(q-1)p_i+1,qp_i]$$

内恰有一个 t 满足 $r+td\equiv 0(\bmod\ p_i)$，这里 $qp_i=\frac{n}{d}$，于是有

$$|S_i|=\frac{n}{dp_i},\quad i=1,\cdots,m,$$

$$|S_iS_j|=\frac{n}{dp_ip_j},\cdots,|S_1\cdots S_m|=\frac{n}{dp_1\cdots p_m},$$

故

$$|S\setminus\bigcup_{i=1}^{m}S_i|=\frac{n}{d}\prod_{p|n'}(1-\frac{1}{p})=\frac{n\prod\limits_{p|n}\left(1-\frac{1}{p}\right)}{d\prod\limits_{p|d}\left(1-\frac{1}{p}\right)}=\frac{\varphi(n)}{\varphi(d)}.$$

§ 10　Wolstenholme 定理的推广

本章 §5 节的 Wolstenholme 定理，有多种推广. 本节给出乔拉在 1934 年证明的 Wolstenholme 定理的一种推广. 我们有

定理　设 $n>1,(n,6)=1$，则

$$\sum_{\substack{m=1\\(m,n)=1}}^{n}\frac{1}{m}\equiv 0(\bmod\ n^2),\tag{1}$$

这里$\frac{1}{m}$表整数 m'，满足 $mm'\equiv 1(\bmod\ n^2)$.

证明这个定理之前，先证两个简单的引理.

引理 1　对于正整数 $n>1,1\leqslant m<n,(n,m)=1$，有

$$m'+(n-m)'\equiv n(m(n-m))'(\bmod\ n^2)\tag{2}$$

和

$$(m^2)'+(m(n-m))'\equiv n(m^2(n-m))'(\bmod\ n^2).\tag{3}$$

证　由定义，分别有

$$mm'\equiv 1(\bmod\ n^2),\tag{4}$$

$$(n-m)(n-m)'\equiv 1(n^2),\tag{5}$$

$$m(n-m)(m(n-m))'\equiv 1(\bmod\ n^2).\tag{6}$$

于是由(4)和(5),得

$$m(n-m)m'(n-m)' \equiv m(n-m)(m(n-m))'(\bmod n^2). \tag{7}$$

再由(7)和$(m(n-m),n)=1$,可得

$$(m(n-m))' \equiv m'(n-m)'(\bmod n^2), \tag{8}$$

由(4)和(5)可得

$$nm'(n-m)' \equiv m' + (n-m)'(\bmod n^2), \tag{9}$$

再由(8)和(9)便知(2)式成立.

同样的方法可证(3)式成立. 证完

引理 2 设$n>1$,$(n,6)=1$.则存在一个整数a,$(a,n)=1$,且对n所有的素因子p,均有

$$a^2 \not\equiv 1(\bmod p). \tag{10}$$

证 设$n=p_1^{l_1}\cdots p_s^{l_s}$是$n$的标准分解式,$p_1,\cdots,p_s$是$s$个不同的素数,由于$(n,6)=1$,可取整数$b_i$,$1<b_i<p_i-1$,$i=1,\cdots,s$.由孙子剩余定理,存在整数$a$,满足

$$a \equiv b_1(\bmod p_1), a \equiv b_2(\bmod p_2), \cdots, a \equiv b_s(\bmod p_s).$$

易知,这样的a满足$(a,n)=1$和(10)式. 证完

定理的证明:

首先证明(1)式与

$$\sum_{\substack{m=1\\(m,n)=1}}^{n} \frac{1}{m(n-m)} \equiv 0(\bmod n) \tag{11}$$

等价,这里$\frac{1}{m(n-m)}$表示整数$(m(n-m))'$满足

$$m(n-m)(m(n-m))' \equiv 1(\bmod n^2).$$

设(1)式成立,则有

$$\sum_{\substack{m=1\\(m,n)=1}}^{n} \frac{1}{m} + \sum_{\substack{m=1\\(m,n)=1}}^{m} \frac{1}{n-m} \equiv 0(\bmod n^2).$$

再由(2)式,可得

$$0\equiv\sum_{\substack{m=1\\(m,n)=1}}^{n}\frac{1}{m}+\sum_{\substack{m=1\\(m,n)=1}}^{n}\frac{1}{n-m}\equiv\sum_{\substack{m=1\\(m,n)=1}}^{n}\frac{n}{m(n-m)}\pmod{n^2},$$

故知(11)式成立.

反之,设(11)式成立,则有

$$\sum_{\substack{m=1\\(m,n)=1}}^{n}\frac{n}{m(n-m)}\equiv 0\pmod{n^2},$$

上式给出

$$0\equiv\sum_{\substack{m=1\\(m,n)=1}}^{n}\frac{1}{m}+\sum_{\substack{m=1\\(m,n)=1}}^{n}\frac{1}{n-m}\equiv 2\sum_{\substack{m=1\\(m,n)=1}}^{n}\frac{1}{m}\pmod{n^2},$$

故(1)式成立.

由(3)式知

$$\sum_{\substack{m=1\\(m,n)=1}}^{n}\frac{1}{m(n-m)}+\sum_{\substack{m=1\\(m,n)=1}}^{n}\frac{1}{m^2}\equiv\sum_{\substack{m=1\\(m,n)=1}}^{n}\frac{n}{m^2(n-m)}\pmod{n^2},$$

故

$$\sum_{\substack{m=1\\(m,n)=1}}^{n}\frac{1}{m(n-m)}+\sum_{\substack{m=1\\(m,n)=1}}^{n}\frac{1}{m^2}\equiv 0\pmod{n}.$$

因此,如果能够证明

$$\sum_{\substack{m=1\\(m,n)=1}}^{n}\frac{1}{m^2}\equiv 0\pmod{n}\tag{12}$$

成立,则可推出(11)式成立.

由于$(n,6)=1,n>1$,则由引理2知存在整数$a,(a,n)=1$,且对n的任一素因子p均有$a^2\not\equiv 1\pmod{p}$,于是有

$$\sum_{\substack{m=1\\(m,n)=1}}^{n}\frac{1}{m^2}\equiv\sum_{\substack{m=1\\(m,n)=1}}^{n}\frac{1}{(am)^2}\pmod{n},$$

即有

$$a^2\sum_{\substack{m=1\\(m,n)=1}}^{n}\frac{1}{m^2}\equiv\sum_{\substack{m=1\\(m,n)=1}}^{n}\frac{1}{m^2}\pmod{n},$$

$$(a^2-1)\sum_{\substack{m=1\\(m,n)=1}}^{n}\frac{1}{m^2}\equiv 0(\bmod n).$$

因为$(a^2-1,n)=1$，故(11) 式成立，即(1) 式成立.　　　　证完

最近，孙琦和洪绍方用 p-adic 数的性质，进一步证明了如下的结果：

设整数 $v\geqslant 0, n>1$，如果 n 的第一个素因子 $p>2v+3$，则有

① 分数 $\sum\limits_{\substack{m=1\\(m,n)=1}}^{n}\frac{1}{m^{2v+1}}$ 的分子被 n^2 整除.

② 分数 $\sum\limits_{\substack{m=1\\(m,n)=1}}^{n}\frac{1}{m^{2v+2}}$ 的分子被 n 整除.

§ 11　覆盖同余式组

易知，每一个整数至少满足下面同余式组中的一个：

$$x\equiv 0(\bmod 2), x\equiv 0(\bmod 3), x\equiv 1(\bmod 4),$$
$$x\equiv 5(\bmod 6), x\equiv 7(\bmod 12). \tag{1}$$

同余式组(1) 就叫做一组覆盖同余式组. 一般地，我们有以下定义.

定义　如果每一个整数都至少满足同余式组

$$x\equiv a_1(\bmod n_1), x\equiv a_2(\bmod n_2), \cdots, x\equiv a_k(\bmod n_k),$$
$$1<n_1<n_2<\cdots<n_k,\quad 0\leqslant a_i<n_i,\quad i=1,\cdots,k \tag{2}$$

中的一个，那么(2) 就叫做一组**覆盖同余式组**.

利用电子计算机，对于$2\leqslant n_1\leqslant 20$，已经证明了均存覆盖同余式组. 有两个著名的猜想尚未证明：① 对任给的 $n_1>1$，都存在覆盖同余式组；② 设 $N=[n_1,\cdots,n_k]$，如果(2) 是一组覆盖同余式组，则有 $2|N$.

爱尔希特曾经猜想下面的定理成立.

定理 1 如果(2)是一组覆盖同余式组,则有

$$\sum_{j=1}^{k}\frac{1}{n_j}>1. \tag{3}$$

证 设$N=n_1\cdots n_k$,如果(2)是一组覆盖同余式组,又设1,2,…,N中有N_j个数满足

$$x\equiv a_j(\mathrm{mod}\ n_j),$$

即

$$N_j=\left[\frac{N-a_j}{n_j}\right]+\delta_j, \tag{4}$$

其中$[x]$表示不超过实数x的最大整数,

$$\delta_j=\begin{cases}0, & a_j=0,\\ 1, & a_j\neq 0.\end{cases} \tag{5}$$

由(4)、(5)和$N=n_1\cdots n_k$知

$$N_j=\frac{N}{n_j}\quad (j=1,2,\cdots,k). \tag{6}$$

由(2)是一组覆盖同余式组知

$$\sum_{j=1}^{k}\frac{N}{n_j}\geqslant N,$$

即

$$\sum_{j=1}^{k}\frac{1}{n_j}\geqslant 1. \tag{7}$$

如果(7)中等号成立,则推出$0,1,\cdots,N-1$中每一个整数满足(2)中一个且仅一个同余式.此时,$t_jn_j+a_j$,$t_j=0,1,\cdots,N_j-1$,$j=1,\cdots,k$,恰恰出了$0,1,\cdots,N-1$诸数.于是有

$$1+x+x^2+\cdots+x^{N-1}=\sum_{j=1}^{k}\sum_{t_j=0}^{N_j-1}x^{t_jn_j+a_j},$$

设x是一个复变量,上式给出

$$\frac{1-x^N}{1-x}=\sum_{j=1}^{k}x^{a_j}\frac{1-x^N}{1-x^{n_j}}, \tag{8}$$

在(8)式中令$x=re^{\frac{2\pi i}{n_k}}$,$r<1$,得

$$\frac{1}{1-re^{\frac{2\pi i}{n_k}}}=\frac{r^{a_1}e^{\frac{2\pi a_1 i}{n_k}}}{1-r^{a_1}e^{\frac{2\pi n_1 i}{n_k}}}+\cdots+\frac{r^{a_k}e^{\frac{2\pi a_k i}{n_k}}}{1-r^{n_k}}. \tag{9}$$

在(9)中令 $r\to 1$，(9)中右端最后一项的模数是无界的，而左端以及右端的其余诸项的模数是有界的，此不可能，故(7)中等式不可能，这就证明了(3)式成立.　　证完

用类似的方法，张明志证明了存在一个子集 $\{n_{i_1},\cdots,n_{i_t}\}$，$1\leqslant i_1<\cdots<i_t\leqslant k$，使得 $\sum\limits_{j=1}^{t}\frac{1}{n_{i_j}}\equiv 0 \pmod 1$(参见，张明志. 覆盖剩余系的一个注记. 四川大学学报(特辑)，1989).

定义　设同余式组

$$x\equiv a_1 \pmod{n_1},\ x\equiv a_2 \pmod{n_2},\ \cdots,\ x\equiv a_k \pmod{n_k},$$

$$1<n_1\leqslant n_2\leqslant\cdots\leqslant n_k,\quad 0\leqslant a_i<n_i,\quad i=1,\cdots,k, \tag{10}$$

如果每一个整数满足(10)中一个且仅一个同余式，那么(10)就叫做一组**不相交的覆盖同余式组**.

下述定理是容易证明的.

定理 2　如果(10)是一组不相交的覆盖同余式组，则有

① $\sum\limits_{i=1}^{k}\frac{1}{n_i}=1$；

② $(n_i,n_j)\neq 1$，$1\leqslant i<j\leqslant k$；

③ 不可能有 $1<n_1<n_2<\cdots<n_k$.

证　设 $n=n_1\cdots n_k$，N_j 表示 1，…，n 中适合同余式 $x\equiv a_j \pmod{n_j}$ 的个数，$j=1,\cdots,k$. 则有

$$n=\sum_{j=1}^{k}N_j=\sum_{j=1}^{k}\frac{n}{n_j},$$

这就证明了①.

如果 $(n_i,n_j)=1$，则 $x\equiv a_i \pmod{n_i}$，$x\equiv a_j \pmod{n_j}$ 有公解，与所设不合. 这就证明了②.

如果(10)中 $1<n_1<n_2<\cdots<n_k$，则由定理 1，我们有

$\sum_{j=1}^{k}\frac{1}{n_j}>1$，此与①矛盾，这就证明了③.　　证完

1972 年，兹拉姆在研究覆盖同余式组的过程中，曾提出一个问题：是否对每一个整数 $n>1$，都存在整数 $x_i>1(i=1,\cdots,n)$，使得对每一个 i，x_i 是 $x_1\cdots x_{i-1}x_{i+1}\cdots x_n+1$ 的真因子？1982 年，孙琦解决了这一问题，证明了 $n\geqslant 5$ 时，兹拉姆问题均有解，同时还给出了一个构造性的证明.

在覆盖同余式组方面，孙智伟做了许多研究工作. 例如，加强了定理 1 中的结果(Trans. Amer. Math. Soc. 348(1996))，推广了张明志的结果(Acta. Arth. 72(1995))，等等.

第二章　习　　题

1. 设 S 是 n 个整数组成的集，证明：存在某个 S 的非空子集，其诸元的和被 n 整除.

2. 给出整数能被 11 整除的判别法.

3. 证明：若 $n\equiv 0(\bmod 2)$，$a_1,\cdots,a_n$ 和 $b_1,\cdots,b_n$ 是模数 n 的任意两组完全剩余系，则 $a_1+b_1,\cdots,a_n+b_n$ 不是模数 n 的完全剩余系.

4. 证明：若 p 是素数，则对任意的整数 $h_1,\cdots,h_a$ 均有

$$(h_1+\cdots+h_a)^p\equiv h_1^p+\cdots+h_a^p(\bmod p),$$

由此推出费马小定理，进而推出欧拉定理.

5. 证明：若 $m^p+n^p\equiv 0(\bmod p)$，则 $m^p+n^p\equiv 0(\bmod p^2)$，这里 p 是奇素数.

6. 证明：若 $m_i>0(i=1,\cdots,k)$，x_i 通过模数 m_i 的任一完全剩余系，则

$$x_1+m_1x_2+m_1m_2x_3+\cdots+m_1m_2\cdots m_{k-1}x_k$$

通过模数 $m_1\cdots m_k$ 的一组完全剩余系.

7. 证明：若 $x_n,x_{n-1},\cdots,x_1,x_0$ 互相独立地通过 $-1,0,1$ 时，

$$3^nx_n+3^{n-1}x_{n-1}+\cdots+3x_1+x_0$$

表示所有下面的数

$$-H,\cdots,-1,0,1,\cdots,H,\quad H=\frac{3^{n+1}-1}{3-1},$$

并且每一个数都有惟一的表示法. 由此说明应用 $n+1$ 个特制的砝码,在天平上可以量出 1 到 H(单位:g) 的任何一个数.

8. 证明:若 $m>2, a_1, \cdots, a_{\varphi(m)}$ 为模数 m 的任一缩系,则

$$\sum_{i=1}^{\varphi(m)} a_i \equiv 0 \pmod m.$$

*9. 求出 $(n-1)!+1=n^k$ 的全部正整数解 n, k.

10. 证明:若 n 是任意整数,则 $n^9-n^3 \equiv 0 \pmod{504}$.

11. 证明:如果有三个不同的整点 (x, y),适合 $p \mid xy-t$(这里 p 是一个素数,$p \nmid t$),且在一条直线上,则在这三点中至少有两个点,其纵、横坐标的差,分别被 p 整除.

12. 证明:若 p 是奇素数,则

① $1^2 \cdot 3^2 \cdots (p-2)^2 \equiv (-1)^{\frac{p+1}{2}} \pmod p$;

② $2^2 \cdot 4^2 \cdots (p-1)^2 \equiv (-1)^{\frac{p+1}{2}} \pmod p$.

*13. 证明:若 p 是一个素数,则

① $\binom{n}{p} \equiv \left[\frac{n}{p}\right] \pmod{p^2}$;

② 如果 $p^s \,\Big|\, \left[\frac{n}{p}\right]$,则 $p^s \,\Big|\, \binom{n}{p}$.

14. 证明:对任意整数 x,$\frac{1}{5}x^5+\frac{1}{3}x^3+\frac{7}{15}x$ 是一个整数.

15. 求出最小的正整数,它的 $\frac{1}{2}$ 是一个整数的平方,它的 $\frac{1}{3}$ 是一个整数的三次方,它的 $\frac{1}{5}$ 是一个整数的五次方.

16. 求出 $n_1=3$ 的一组覆盖同余式组.

17. 证明 $61!+1 \equiv 0 \pmod{71}$.

18. 证明:若 $n>0$,满足 $24 \mid n+1$,则 $24 \mid \sigma(n)$.

*19. 证明:若 $m>0$,则同余式

$$6xy-2x-3y+1 \equiv 0 \pmod m$$

有解. 但是 $6xy-2x-3y+1=0$ 没有整数解.

20. 证明:对于任给的 $n>1$,存在 $m>0$,使同余式

$$x^2 \equiv 1 \pmod m$$

解的个数大于 n.

21. 证明:当 $u=0, 1, \cdots, p^{s-t}-1, v=0, 1, \cdots, p^t-1, t \leqslant s$ 时,

$x = u + p^{s-t}v$ 通过 p^s 的一个完全剩余系.

22. 求下列同余式的解:

① $111x \equiv 75 \pmod{321}$;

② $256x \equiv 179 \pmod{337}$;

③ $1215x \equiv 560 \pmod{2755}$.

23. 求联立同余式

$$x + 4y - 29 \equiv 0 \pmod{143}, 2x - 9y + 84 \equiv 0 \pmod{143}$$

的解.

24. 解下列同余式组:

① $x \equiv 1 \pmod 7, x \equiv 3 \pmod 5, x \equiv 5 \pmod 9$;

② $3x \equiv 5 \pmod 4, 5x \equiv 2 \pmod 7$;

③ $4x \equiv 3 \pmod{25}, 3x \equiv 8 \pmod{20}$;

④ $x \equiv 8 \pmod{15}, x \equiv 5 \pmod 8, x \equiv 13 \pmod{25}$.

25. 解下列高次同余式.

① $7x^4 + 19x + 25 \equiv 0 \pmod{27}$;

② $x^3 + 2x + 2 \equiv 0 \pmod{125}$;

③ $6x^3 + 27x^2 + 17x + 20 \equiv 0 \pmod{32}$.

26. 证明:若 p 是素数,则 $x^{p-1} \equiv 1 \pmod{p^l}$ 有 $p-1$ 个解,这里 $l \geqslant 1$.

27. ① 求出所有满足 $n^{13} \equiv n \pmod{1365}$ 的整数 n;

② 求出所有满足 $n^{17} \equiv n \pmod{4080}$ 的整数 n.

28. 证明:若 p 是一个奇素数,$q = \dfrac{p-1}{2}$,则

$$(q!)^2 + (-1)^q \equiv 0 \pmod p.$$

29. 设 $p > 3$ 是素数,$S = \{1, 2, \cdots, p-1\}$,对每一个 $k \in S$,存在惟一 $x_k \in S$,使得 $kx_k \equiv 1 \pmod p$,因此 $kx_k = 1 + n_k p, k = 1, \cdots, p-1$. 证明

$$\sum_{k=1}^{p-1} kn_k \equiv \frac{1}{2}(p-1) \pmod p.$$

第三章　数 论 函 数

在数论中，经常出现各种数论函数，它们在数论的研究中，起着重要作用.

定义　一个定义在正整数集上的实或复值函数 $f(n)$叫做一个**数论函数**或**算术函数**.

例如，$\{a_n\}$，$n!$，n^λ 等等都是数论函数. 本章将介绍数论函数的某些一般理论，以及讨论几种重要的数论函数.

§1　数论函数 $\mathrm{pot}_p n$

定义　对于一给定的素数 p，设 $p^m \| n$（即 $p^m | n$，$p^{m+1} \nmid n$），则记 $\mathrm{pot}_p n = m$.

对于有理数$\dfrac{m}{n}$，我们定义

$$\mathrm{pot}_p\left(\frac{m}{n}\right)=\mathrm{pot}_p m-\mathrm{pot}_p n.$$

对于给定的素数 p，$\mathrm{pot}_p n$ 是一个数论函数.

由定义，显然有以下简单的性质：

1. $\mathrm{pot}_p(mn)=\mathrm{pot}_p m+\mathrm{pot}_p n$；

2. $\mathrm{pot}_p n^k=k\,\mathrm{pot}_p n$，这里 $k>0$.

因此，有 $\mathrm{pot}_3 54=\mathrm{pot}_3 3^3+\mathrm{pot}_3 2=3$，$\mathrm{pot}_2 54=\mathrm{pot}_2 3^3+\mathrm{pot}_2 2=1$，等等.

本节主要求出 $\mathrm{pot}_p n!$ 的公式. 为此，先介绍一个重要函数.

定义　函数$[x]$是对于一切实数都有定义的函数，函数$[x]$的

值等于不大于 x 的最大整数.

这个函数在第一章 §9 及第二章的 §10 中已经用到过了，它在数论中非常有用，有时，也把 $[x]$ 叫做数论函数. 由 $[x]$ 的定义立刻可得下列简单性质：

1. $[x]\leqslant x<[x]+1$；
2. $[x]+[y]\leqslant[x+y]$；
3. 当 n 是整数时，$[n+x]=n+[x]$；
4. $[-x]=\begin{cases}-[x]-1, & \text{当 } x \text{ 不是整数时},\\ -[x], & \text{当 } x \text{ 是整数时};\end{cases}$
5. 若 a,b 是任意两个正整数，则不大于 a 而为 b 的倍数的正整数的个数是 $\left[\dfrac{a}{b}\right]$.

我们有

定理 1 设 $p^k\leqslant n<p^{k+1}$，则有

$$\operatorname{pot}_p(n!)=\left[\frac{n}{p}\right]+\left[\frac{n}{p^2}\right]+\cdots+\left[\frac{n}{p^k}\right]. \tag{1}$$

证 因为

$$\begin{aligned}\operatorname{pot}_p(n!)&=\operatorname{pot}_p1+\operatorname{pot}_p2+\cdots+\operatorname{pot}_pn\\&=\operatorname{pot}_pp+\operatorname{pot}_p(2p)+\cdots+\operatorname{pot}_p\left(\left[\frac{n}{p}\right]p\right)\end{aligned}$$

和

$$\operatorname{pot}_p(jp)=\operatorname{pot}_pp+\operatorname{pot}_pj=1+\operatorname{pot}_pj,$$

我们有

$$\operatorname{pot}_p(n!)=\left[\frac{n}{p}\right]+\operatorname{pot}_p\left(\left[\frac{n}{p}\right]!\right). \tag{2}$$

由性质(5)可知 $\left[\dfrac{\left[\frac{n}{p}\right]}{p}\right]=\left[\dfrac{n}{p^2}\right]$，故

$$\operatorname{pot}_p\left(\left[\frac{n}{p}\right]!\right)=\left[\frac{n}{p^2}\right]+\operatorname{pot}_p\left(\left[\frac{n}{p^2}\right]!\right).$$

……

$$\mathrm{pot}\left(\left[\frac{n}{p^{k-1}}\right]!\right)=\left[\frac{n}{p^k}\right]+\mathrm{pot}_p\left(\left[\frac{n}{p^k}\right]!\right)=\left[\frac{n}{p^k}\right].$$

代入(2)便得(1). 证完

定理 1 的结果,也可写成 $\mathrm{pot}_p(n!)=\sum_{t=1}^{\infty}\left[\frac{n}{p^t}\right]$. 它给出了

$$n!=\prod_{p\leqslant n}p^{\sum_{t=1}^{\infty}\left[\frac{n}{p^t}\right]}.$$

定理 2 设 $0<r<n$,则

$$\binom{n}{r}=\frac{n!}{r!\ (n-r)!}$$

是一个整数.

证 因为 $n=(n-r)+r$,故从 $[x]$ 的性质 2 推出

$$\left[\frac{n}{p^t}\right]\geqslant\left[\frac{n-r}{p^t}\right]+\left[\frac{r}{p^t}\right],$$

$$\sum_{t=1}^{\infty}\left[\frac{n}{p^t}\right]\geqslant\sum_{t=1}^{\infty}\left[\frac{n-r}{p^t}\right]+\sum_{t=1}^{\infty}\left[\frac{r}{p^t}\right],$$

利用上面给出的 $\mathrm{pot}_p(n!)$ 的公式,就证明了 $\binom{n}{r}$ 是整数. 证完

定理 3 对于给定的素数 p 和 $0<r<p^c$,$c>0$,有

$$\mathrm{pot}_p\binom{p^c}{r}=c-\mathrm{pot}_p r. \tag{3}$$

证 $r=1$ 时,(3)显然成立. 设 $r>1$,有

$$\binom{p^c}{r}=\frac{p^c}{r}\cdot\frac{p^c-1}{1}\cdot\frac{p^c-2}{2}\cdots\frac{p^c-(r-1)}{r-1},$$

因为 $0<r<p^c$,故

$$\mathrm{pot}_p(p^c-j)=\mathrm{pot}_p j,\ \ j=1,\cdots,r-1,$$

$$\mathrm{pot}_p\binom{p^c}{r}=\mathrm{pot}_p p^c+\sum_{j=1}^{r-1}\mathrm{pot}_p(p^c-j)-\sum_{j=1}^{r}\mathrm{pot}_p(j)$$
$$=c-\mathrm{pot}_p r.$$

这证明了(3). 证完

定理 4 设 $n=a_h p^h+a_{h-1}p^{h-1}+\cdots+a_1 p+a_0$,

这里，$1\leqslant a_h<p, 0\leqslant a_j<p, j=0,1,\cdots,h-1, A(n,p)=\sum_{k=0}^{h}a_k$，则有

$$\frac{n-A(n,p)}{p-1}=\sum_{k=1}^{h}\left[\frac{n}{p^k}\right]=\operatorname{pot}_p(n!). \tag{4}$$

证 因为

$$n-A(n,p)=\sum_{k=0}^{h}a_k(p^k-1)=\sum_{k=1}^{h}a_k(p^k-1),$$

故

$$\begin{aligned}\frac{n-A(n,p)}{p-1}&=\sum_{k=1}^{h}a_k(p^{k-1}+p^{k-2}+\cdots+p+1)\\&=a_1+a_2p+\cdots+a_hp^{h-1}+a_2+a_3p+\cdots+a_hp^{h-2}\\&\quad+\cdots+a_h\\&=\sum_{k=1}^{h}(a_hp^{h-k}+\cdots+a_{k+1}p+a_k)\\&=\sum_{k=1}^{h}\left[\frac{n}{p^k}\right].\end{aligned}$$

因为 $p^h\leqslant n<p^{h+1}$，故由定理 1 知 $\sum_{k=1}^{h}\left[\frac{n}{p^k}\right]=\operatorname{pot}_p(n!)$. 证完

现在，我们可以进一步求出 $\operatorname{pot}_p\binom{n}{r}$.

定理 5 设 $0<r<n$，则

$$\operatorname{pot}_p\binom{n}{r}=\frac{A(r,p)+A(n-r,p)-A(n,p)}{p-1}.$$

证 因为

$$\operatorname{pot}_p\binom{n}{r}=\operatorname{pot}_p(n!)-\operatorname{pot}_p(r!)-\operatorname{pot}_p((n-r)!),$$

由(4)，故

$$\begin{aligned}\operatorname{pot}_p\binom{n}{r}&=\frac{n-A(n,p)}{p-1}-\left(\frac{r-A(r,p)+n-r-A(n-r,p)}{p-1}\right)\\&=\frac{A(r,p)+A(n-r,p)-A(n,p)}{p-1}.\end{aligned}$$

证完

§2　麦比乌斯函数 $\mu(n)$

定义　麦比乌斯(Möbius)函数 $\mu(n)$，当 $n=1$ 时 $\mu(1)=1$；当 $n>1$ 时，设 $n=p_1^{l_1}\cdots p_s^{l_s}$ 为 n 的标准分解式，则 $\mu(n)$ 定义为

$$\mu(n)=\begin{cases}(-1)^s, l_1=\cdots=l_s=1\text{ 时},\\ 0,\quad \text{有某个 } l_j>1(1\leqslant j\leqslant s)\text{时}.\end{cases}$$

我们有

定理 1　如果 $n\geqslant 1$，则有

$$\sum_{d\mid n}\mu(d)=\left[\frac{1}{n}\right].\tag{1}$$

证　$n=1$ 时，(1)显然成立. 现设 $n>1$，n 的标准分解式为 $n=p_1^{l_1}\cdots p_s^{l_s}$，则

$$\begin{aligned}\sum_{d\mid n}\mu(d)&=\mu(1)+\mu(p_1)+\cdots+\mu(p_s)+\mu(p_1p_2)\\&\quad+\cdots+\mu(p_{s-1}p_s)+\cdots+\mu(p_1\cdots p_s)\\&=1+\binom{s}{1}(-1)+\binom{s}{2}(-1)^2+\cdots+\binom{s}{s}(-1)^s\\&=(1-1)^s=0.\end{aligned}$$

证完

函数 $\mu(n)$ 在数论中经常出现. 例如在第二章中我们已经证明了，欧拉函数

$$\varphi(n)=n\left(1-\frac{1}{p_1}\right)\cdots\left(1-\frac{1}{p_s}\right),\tag{2}$$

其中 $n=p_1^{l_1}\cdots p_s^{l_s}$ 是 n 的标准分解式，利用 $\mu(n)$，可将(2)改写为

$$\varphi(n)=\sum_{d\mid n}\mu(d)\frac{n}{d}.$$

定理 2　设 $n>1$，d 通过 n 的不含有多于 m 个素因数的因数时，则

$$\sum\mu(d)\begin{cases}\geqslant 0,\text{当 } m \text{ 为偶数时},\\ \leqslant 0,\text{当 } m \text{ 为奇数时}.\end{cases}\tag{3}$$

证 设 $n=p_1^{l_1}\cdots p_s^{l_s}$ 是 n 的标准分解式，则在 $m=s$ 时，由定理 1，(3)式成立. 现设 $m<s$. 因为 d 含有平方因子时，$\mu(d)=0$，故只须讨论 d 不含平方因子的情形，而 n 中不含平方因子的，含有 j 个素因数的因数 d 的个数是 $\binom{s}{j}$，而对于这些 d，$\mu(d)=(-1)^j$，故

$$\sum_{\substack{d\mid n\\ d=p_{i_1}\cdots p_{i_j}\\ j\leqslant m,1\leqslant i_1<\cdots<i_j\leqslant s}}\mu(d)=\sum_{j=0}^{m}\binom{s}{j}(-1)^j.$$

但是

$$0=(1-1)^s=\binom{s}{0}-\binom{s}{1}+\cdots+(-1)^m\binom{s}{m}+(-1)^{m+1}\binom{s}{m+1}+\cdots+(-1)^s,$$

于是

$$\begin{aligned}\sum_{j=0}^{m}\binom{s}{j}(-1)^j&=(-1)^m\binom{s}{m+1}+(-1)^{m+1}\binom{s}{m+2}+\cdots+(-1)^{s+1}\\&=(-1)^m\left(\binom{s}{m+1}-\binom{s}{m+2}+\cdots+(-1)^{s-m+1}\right).\end{aligned}$$

设 m 为偶数，当 $m=s-1$ 时，显然有 $\sum\limits_{j=0}^{s-1}\binom{s}{j}(-1)^j=1$；而 $m\leqslant s-2$，且当 $2\leqslant t\leqslant m\leqslant\frac{s}{2}$ 时，则由 $\binom{s}{t}>\binom{s}{t-1}$，得

$$\sum_{j=0}^{m}\binom{s}{j}(-1)^j=\binom{s}{0}+\binom{s}{2}-\binom{s}{1}+\cdots+\binom{s}{m}-\binom{s}{m-1}\geqslant 0.$$

当 $s-2\geqslant t\geqslant m>\frac{s}{2}$ 时，则由 $\binom{s}{t+1}>\binom{s}{t+2}$，知

$$\binom{s}{m+1}-\binom{s}{m+2}+\cdots+(-1)^{s-m+1}\geqslant 0.$$

m 为奇数时,类似可证. 证完

下面我们将看到,$\mu(n)$在反演公式中起重要作用.

§3 欧拉函数$\varphi(n)$

对于欧拉函数 $\varphi(n)$的定义和公式,在第二章§3中已经给出.本节将进一步给出欧拉函数 $\varphi(n)$的一些性质.

定理1 设 $n\geqslant 1$,则有

$$\sum_{d\mid n}\varphi(d)=n.$$

证 考虑有理数集

$$S=\{\frac{r}{n},r=1,2,3,\cdots,n\},$$

把 S 中的每一个分数化为既约分数得 S^*,S^* 中没有两个分数的值是相同的.对于任一个给定的$r\leqslant n$,$\frac{r}{n}=\frac{h}{k}$是既约分数,则

$$(h,k)=1,\ h\leqslant k,\ k\mid n. \tag{1}$$

反之,对于给定的 n,任一个满足(1)中三个条件的分数$\frac{h}{k}$在 S^* 中,这是因为,由 $k\mid n$,可设 $n=kg$,$r=hg$,故$\frac{h}{k}=\frac{hg}{kg}=\frac{r}{n}$,$r\leqslant n$.满足(1)中三个条件的分数$\frac{h}{k}$的全体为$\sum_{d\mid n}\varphi(d)$个,而 S^* 中有 n 个分数,故

$$\sum_{d\mid n}\varphi(d)=n.$$

证完

利用缩系,在第二章的§3中我们证明了当$(m,n)=1$时,$\varphi(mn)=\varphi(n)\varphi(m)$,这里我们将用不同的方法再予证明.证明这个结论之前,先证明一个引理.

引理 设$(m,n)=1$,如果 t_1 通过 m 的全部因子,t_2 跑过 n 的全部因子,则 $t=t_1t_2$ 跑过 mn 的全部因子.

证 因为 $t_1\mid m$,$t_2\mid n$,故 $t_1t_2\mid mn$,且当 $t'_1\mid m$,$t'_2\mid n$,$\{t_1,t_2\}\neq$

$\{t'_1, t'_2\}$时，由$(m,n)=1$得$t_1t_2 \neq t'_1t'_2$. 反之，任给$t \mid mn$，由于$(m,n)=1$，设$(t,m)=t_1$，$(t,n)=t_2$，显然$t=t_1t_2$，$t_1 \mid m$，$t_2 \mid n$.　证完

定理 2　设$(m,n)=1$，则$\varphi(mn)=\varphi(m)\varphi(n)$.

证　设$h=mn$，我们对h施行归纳法. $h=1$时，定理显然成立. 现设$h=1,2,\cdots,nm-1$时，定理2成立. 设$t \mid mn$，$t=t_1t_2$，$t_1 \mid m$，$t_2 \mid n$，由归纳假设，除开$t_1=m$，$t_2=n$外，均有$\varphi(t_1t_2)=\varphi(t_1)\varphi(t_2)$，因此，由引理，有

$$\sum_{t_1 \mid m}\varphi(t_1)\sum_{t_2 \mid n}\varphi(t_2)=\Big(\sum_{t \mid mn}\varphi(t)-\varphi(mn)\Big)+\varphi(m)\varphi(n).$$

由定理1，上式给出$mn=(mn-\varphi(mn))+\varphi(m)\varphi(n)$. 即$\varphi(mn)=\varphi(m)\varphi(n)$.　证完

定理 3　①设$(m,n)=d$，则有

$$\varphi(mn)=\varphi(m)\varphi(n)\cdot\frac{d}{\varphi(d)};$$

②若$a \mid b$，则有$\varphi(a) \mid \varphi(b)$.

证　①由

$$\frac{\varphi(mn)}{mn}=\prod_{p \mid mn}\left(1-\frac{1}{p}\right)=\frac{\prod\limits_{p \mid m}\left(1-\frac{1}{p}\right)\prod\limits_{p \mid n}\left(1-\frac{1}{p}\right)}{\prod\limits_{p \mid (m,n)}\left(1-\frac{1}{p}\right)}$$

$$=\frac{\frac{\varphi(m)}{m}\frac{\varphi(n)}{n}}{\frac{\varphi(d)}{d}},$$

故得$\varphi(mn)=\varphi(m)\varphi(n)\dfrac{d}{\varphi(d)}$.

②设$b=ac$，由①我们有

$$\varphi(b)=\varphi(ac)=\varphi(a)\varphi(c)\frac{d}{\varphi(d)}=d\varphi(a)\frac{\varphi(c)}{\varphi(d)}, \tag{2}$$

其中$(a,c)=d$.

由于 $d\mid c$，因而 $\frac{d\varphi(c)}{\varphi(d)}=\frac{c\prod\limits_{p\mid c}\left(1-\frac{1}{p}\right)}{\prod\limits_{p\mid d}\left(1-\frac{1}{p}\right)}$ 是整数，故(2)式给出 $\varphi(a)\mid\varphi(b)$.

1932 年，莱梅提出了与 $\varphi(n)$ 有关的一个猜想：不存在合数 n 使得 $\varphi(n)\mid n-1$.

1963 年，我们曾经证明这样的合数如果存在，至少是 12 个不同的奇素数的乘积. 参见柯召，孙琦. 关于方程 $k\varphi(n)=n-1$. 四川大学学报，1963(1). 1980 年，柯恩(Cohen)和哈吉斯利用计算机进一步证明了它至少是 14 个不同的奇素数的乘积.

这些结果的证明，依赖以下定理.

定理 4 设 $k\geqslant 2$,

$$k\varphi(n)=n-1, \tag{3}$$

则有

① $n=p_1\cdots p_s$，其中 $p_1,\cdots,p_s$ 是不同的奇素数；

② 若奇素数 $p\mid n$，则 n 不含有 $pt+1$ 形的素因子；

③ 若 $k\not\equiv 1 \pmod 3$，则 $n\not\equiv 0 \pmod 3$.

证 因为 $k\geqslant 2$，故由(3)知 $n>2$，且因 $2\mid\varphi(n)$，故 $2\nmid n$. 如果素数 $p\mid n$，n 含有 $pt+1$ 形的素因子或 $p^2\mid n$，则 $p\mid\varphi(n)$，由(3)推出 $p\mid n-1$，这是不可能的，这就证明了①和②.

对于③，当 $k\equiv 0 \pmod 3$ 时，结论显然成立. 当 $k\equiv 2 \pmod 3$，如果 $n\equiv 0 \pmod 3$，由①，不妨设 $n=p_1\cdots p_s$，$p_1=3$，$p_2,\cdots,p_s$ 是不同的奇素数. 由(3)得

$$2k\prod_{j=2}^{s}(p_j-1)=3\prod_{j=2}^{s}p_j-1, \tag{4}$$

由②知 $p_j\equiv -1 \pmod 6$，(4)的两端取模数 3，得

$$2\equiv 0 \pmod 3,$$

此不可能. 证完

看来，完全解决莱梅猜想是非常困难的，就是证明 $2\varphi(n)=$

$n-1$无解也不容易.

§4 数论函数的狄利克雷乘积

我们知道

$$\varphi(n)=\sum_{d\mid n}\mu(d)\frac{n}{d},$$

其右端的和的形状,在数论中经常出现.我们有

定义 设 $f(n)$,$g(n)$是两个数论函数,它们的**狄利克雷乘积** $h(n)$也是一个数论函数,由下式给出

$$h(n)=\sum_{d\mid n}f(d)g\left(\frac{n}{d}\right),$$

简记为 $h(n)=f(n)*g(n)$.

定理 1 任给数论函数 $f(n)$,$g(n)$,$k(n)$,则有

$$f(n)*g(n)=g(n)*f(n), \tag{1}$$

和

$$(f(n)*g(n))*k(n)=f(n)*(g(n)*k(n)). \tag{2}$$

证 由于

$$\begin{aligned}f(n)*g(n)&=\sum_{d\mid n}f(d)g\left(\frac{n}{d}\right)=\sum_{d\mid n}f\left(\frac{n}{d}\right)g(d)\\&=\sum_{d\mid n}g(d)f\left(\frac{n}{d}\right)=g(n)*f(n).\end{aligned}$$

故(1)成立.

设 $A(n)=g(n)*k(n)$,$B(n)=f(n)*g(n)$,则

$$\begin{aligned}f(n)*A(n)&=\sum_{ad=n}f(a)A(d)=\sum_{ad=n}f(a)\sum_{bc=d}g(b)k(c)\\&=\sum_{abc=n}f(a)g(b)k(c).\end{aligned}$$

$$\begin{aligned}B(n)*k(n)&=\sum_{ad=n}B(d)k(a)=\sum_{ad=n}\sum_{bc=d}f(b)g(c)k(a)\\&=\sum_{abc=n}f(b)g(c)k(a).\end{aligned}$$

故(2)成立. 证完

设

$$I(n)=\left[\frac{1}{n}\right]=\begin{cases}1, & 当\ n=1,\\0, & 当\ n>1.\end{cases}$$

我们有

定理 2 对于所有的数论函数 $f(n)$,均有

$$f(n)*I(n)=I(n)*f(n)=f(n).$$

证 由于

$$f(n)*I(n)=\sum_{d\mid n}f(d)I\left(\frac{n}{d}\right)=\sum_{d\mid n}f(d)\left[\frac{d}{n}\right]=f(n).$$

故定理成立. 证完

定义 对于狄利克雷乘积,$I(n)$起单位元的作用,简称 $I(n)$ 为**单位数论函数**.

定理 3 设数论函数 $f(n)$,满足 $f(1)\neq 0$,则存在惟一的数论函数 $f^{-1}(n)$,称为 $f(n)$的**狄利克雷逆函数**,使得

$$f(n)*f^{-1}(n)=f^{-1}(n)*f(n)=I(n).$$

且 $f^{-1}(n)$由下面的递推公式给出

$$f^{-1}(1)=\frac{1}{f(1)},$$

$$f^{-1}(n)=\frac{-1}{f(1)}\sum_{\substack{d\mid n\\d<n}}f\left(\frac{n}{d}\right)f^{-1}(d)(n>1).$$

证 我们用归纳法来证明函数值 $f^{-1}(1),f^{-1}(2),\cdots,f^{-1}(n),\cdots$可惟一决定. 对于 $n=1$,由

$$f(1)*f^{-1}(1)=I(1),$$

推出

$$f(1)f^{-1}(1)=1,$$

故 $f^{-1}(1)=\dfrac{1}{f(1)}$惟一决定. 现在假设对于所有的 $k<n(n\geqslant 2)$,函数值 $f^{-1}(k)$已经惟一决定,由

$$\sum_{d|n} f\left(\frac{n}{d}\right) f^{-1}(d) = 0, n > 1,$$

可得

$$f(1)f^{-1}(n) + \sum_{\substack{d|n \\ d<n}} f\left(\frac{n}{d}\right) f^{-1}(d) = 0.$$

因为由归纳法假设，$f^{-1}(d)$ 对于所有小于 n 的因子 d 已经惟一决定，故可惟一决定

$$f^{-1}(n) = \frac{-1}{f(1)} \sum_{\substack{d|n \\ d<n}} f\left(\frac{n}{d}\right) f^{-1}(d).$$

这个归纳定义的惟一确定的函数 $f^{-1}(n)$ 就是 $f(n)$ 的狄利克雷逆函数. 证完

由于 $f(1) * g(1) = f(1)g(1)$，故当 $f(1) \neq 0, g(1) \neq 0$ 时，$f(1) * g(1) \neq 0$，这样，由以上三个定理可知：对于狄利克雷乘积 $*$，全体 $f(1) \neq 0$ 的数论函数 $f(n)$ 组成一个阿贝尔(Abel)群，记为 D.

§5 麦比乌斯反演公式

我们知道

$$n = \sum_{d|n} \varphi(d) = \sum_{d|n} \varphi\left(\frac{n}{d}\right),$$

$$\varphi(n) = \sum_{d|n} \mu(d) \frac{n}{d} = \sum_{d|n} \mu\left(\frac{n}{d}\right) d.$$

一般地，我们有

定义 若数论函数 $f(n)$ 和 $g(n)$ 适合

$$f(n) = \sum_{d|n} g(d) = \sum_{d|n} g\left(\frac{n}{d}\right),$$

称 $f(n)$ 为 $g(n)$ 的**麦比乌斯变换**，而 $g(n)$ 为 $f(n)$ 的**麦比乌斯逆变换**.

由定义知，n 是 $\varphi(n)$ 的麦比乌斯变换，$\varphi(n)$ 是 n 的麦比乌斯逆

变换.

定理 若任意两个数论函数 $f(n)$ 和 $g(n)$ 满足等式

$$f(n)=\sum_{d\mid n}g(d),\tag{1}$$

则有

$$g(n)=\sum_{d\mid n}\mu(d)f\left(\frac{n}{d}\right),\tag{2}$$

反过来,若满足(2),则(1)也成立.

证 若 $f(n)$ 和 $g(n)$ 满足(1),则

$$\begin{aligned}\sum_{d\mid n}\mu(d)f\left(\frac{n}{d}\right)&=\sum_{d\mid n}\mu(d)\sum_{d'\mid\frac{n}{d}}g(d')=\sum_{dd'\mid n}\mu(d)g(d')\\&=\sum_{d'\mid n}\sum_{d\mid\frac{n}{d'}}\mu(d)g(d')=\sum_{d'\mid n}g(d')\sum_{d\mid\frac{n}{d'}}\mu(d)=g(n),\end{aligned}$$

上面最后一个等式用到§2定理1,故(2)成立.

反过来,设 $f(n)$ 和 $g(n)$ 满足(2),则同法可证

$$\begin{aligned}\sum_{d\mid n}g(d)&=\sum_{d\mid n}g\left(\frac{n}{d}\right)=\sum_{d\mid n}\sum_{d'\mid\frac{n}{d}}\mu\left(\frac{n}{dd'}\right)f(d')\\&=\sum_{dd'\mid n}\mu\left(\frac{n}{dd'}\right)f(d')=\sum_{d'\mid n}f(d')\sum_{d\mid\frac{n}{d'}}\mu\left(\frac{n}{dd'}\right)\\&=f(n).\end{aligned}$$

证完

实际上,用上一节有关狄利克雷乘积的结果,证明是明显的.

定理的另一个证明

设对任意的正整数 n,数论函数 $e(n)=1$.

等式(1)可表为 $f(n)=g(n)*e(n)$,则有 $f(n)*\mu(n)=(g(n)*e(n))*\mu(n)=g(n)*(e(n)*\mu(n))=g(n)*I(n)=g(n)$,即(2)成立.反过来,若(2)成立,(2)可写成 $f(n)*\mu(n)=g(n)$,则有 $g(n)*e(n)=(f(n)*\mu(n))*e(n)=f(n)*(\mu(n)*e(n))=f(n)*I(n)=f(n)$,即(1)成立. 证完

下面举几个例子.

例 1 由§2 的定理 1 知 $I(n)$是 $\mu(n)$ 的麦比乌斯变换.

例 2 冯·曼哥特(Von Mangoldt) 函数 $\Lambda(n)$是指：

$$\Lambda(n)=\begin{cases}\log p, 若\ n=p^m, m\geqslant 1, p\ 是素数,\\ 0, \quad n\ 是其他情形.\end{cases}$$

设 $n=p_1^{l_1}\cdots p_k^{l_k}$ 是 n 的标准分解式,则有

$$\begin{aligned}\sum_{d\mid n}\Lambda(d) &= \sum_{s_1=0}^{l_1}\cdots\sum_{s_k=0}^{l_k}\Lambda(p_1^{s_1}\cdots p_s^{s_k})\\ &= \sum_{s_1=1}^{l_1}\Lambda(p_1^{s_1}) + \cdots + \sum_{s_k=1}^{l_k}\Lambda(p_k^{s_k})\\ &= \sum_{s_1=1}^{l_1}\log p_1 + \cdots + \sum_{s_k=1}^{l_k}\log p_k\\ &= l_1\log p_1 + \cdots + l_k\log p_k = \log n.\end{aligned}$$

故 $\log n$ 是 $\Lambda(n)$的麦比乌斯变换.

例 3 因为 $\Lambda(n)$是 $\log n$ 的麦比乌斯逆变换,故

$$\begin{aligned}\Lambda(n) &= \sum_{d\mid n}\mu(d)\log\frac{n}{d}\\ &= \log n\sum_{d\mid n}\mu(d) - \sum_{d\mid n}\mu(d)\log d\\ &= I(n)\log n - \sum_{d\mid n}\mu(d)\log d\\ &= \sum_{d\mid n} - \mu(d)\log d.\end{aligned}$$

故 $\Lambda(n)$是$-\mu(n)\log n$ 的麦比乌斯变换.

§6 积性函数

实际上,积性函数的概念,我们在第二章已经遇见过了. 在第二章§3 中,我们证明了$(m,n)=1$, $\varphi(mn)=\varphi(m)\varphi(n)$,这就是一个积性函数. 一般地,我们有

定义 如果数论函数 $f(n)$不恒等于 0,且当$(m,n)=1$ 时,

$f(mn)=f(m)f(n)$，则 $f(n)$ 叫做**积性函数**. 如果一个积性函数，对所有的 m,n 均有 $f(mn)=f(m)f(n)$，则叫做**完全积性函数**.

例 1 $\varphi(n)$ 是积性函数，但不是完全积性函数.

例 2 $f_\alpha(n)=n^\alpha$，这里 α 为任一实数，是一个完全积性函数.

例 3 $I(n)=\left[\frac{1}{n}\right]$ 是一个完全积性函数.

例 4 麦比乌斯函数 $\mu(n)$ 是一个积性函数，但不是完全积性函数.

例 5 设

$$\sigma_\alpha(n)=\sum_{d\mid n}f_\alpha(d),$$

则 $\sigma_\alpha(n)$ 是一个积性函数(用下面的定理 2 很容易证明)，但不是完全积性函数.

下面，我们将证明积性函数的几个基本的性质.

定理 1 如果 $f(n)$ 是一个积性函数，则 $f(1)=1$.

证 因为，对所有的正整数 n，有 $(n,1)=1$，故 $f(n)=f(n)\cdot f(1)$，又因为 $f(n)$ 不恒为 0，故

$$f(1)=1.$$

证完

定理 2 如果 $f(n)$ 和 $g(n)$ 是积性函数，那么 $f(n)*g(n)$ 也是积性函数.

证 设 $h(n)=f(n)*g(n)$，$(m,n)=1$，则

$$h(mn)=\sum_{t\mid mn}f(t)g\left(\frac{mn}{t}\right).$$

令 $t=t_1t_2$，$t_1\mid m$，$t_2\mid n$. 根据本章 §3 中证明过的引理：设 $(m,n)=1$，如果 t_1 通过 m 的全部因子，t_2 通过 n 的全部因子，则 $t=t_1t_2$ 通过 mn 的全部因子，因此，

$$\begin{aligned}h(mn)&=\sum_{t\mid mn}f(t)g\left(\frac{mn}{t}\right)=\sum_{t_1\mid m}\sum_{t_2\mid n}f(t_1t_2)g\left(\frac{m}{t_1}\ \frac{n}{t_2}\right)\\&=\sum_{t_1\mid m}\sum_{t_2\mid n}f(t_1)f(t_2)g\left(\frac{m}{t_1}\right)g\left(\frac{n}{t_2}\right)\end{aligned}$$

$$= \sum_{t_1 | m} f(t_1) g\left(\frac{m}{t_1}\right) \cdot \sum_{t_2 | n} f(t_2) g\left(\frac{n}{t_2}\right)$$

$$= h(m)h(n).$$

证完

取 $f(n)=f_\alpha(n)$，$g(n)=e(n)$，由定理 2 知

$$f_\alpha(n) * e(n) = \sum_{d|n} f_\alpha(d) = \sigma_\alpha(n)$$

是积性函数. 这里 $\sigma_0(n) = \sum_{d|n} 1 = d(n)$，$d(n)$ 表示 n 的因数的个数. $\sigma_1(n)$ 即通常的 n 的全部因子的和 $\sigma(n)$. 于是，设 $n = p_1^{\alpha_1} \cdots p_k^{\alpha_k}$ 是 n 的标准分解式，就有

$$\sigma_\alpha(n) = \sigma_\alpha(p_1^{\alpha_1}) \cdots \sigma_\alpha(p_k^{\alpha_k}),$$

而

$$\sigma_\alpha(p_j^{\alpha_j}) = 1 + p_j^\alpha + p_j^{2\alpha} + \cdots + p_j^{\alpha_j \alpha}$$

$$= \begin{cases} \dfrac{p_j^{\alpha(\alpha_j+1)} - 1}{p_j^\alpha - 1}, & \alpha \neq 0, \\ \alpha_j + 1, & \alpha = 0, \end{cases}$$

故

$$\sigma_\alpha(n) = \begin{cases} \displaystyle\prod_{j=1}^{k} \frac{p_j^{\alpha(\alpha_j+1)} - 1}{p_j^\alpha - 1}, & \alpha \neq 0, \\ \displaystyle\prod_{j=1}^{k} (\alpha_j + 1), & \alpha = 0. \end{cases}$$

定理 3 如果 $g(n)$ 和 $h(n)=f(n) * g(n)$ 都是积性函数，则 $f(n)$ 也是积性函数.

证 如果 $f(n)$ 不是积性函数，则存在一对正整数 m,n，$(m,n)=1$，使得

$$f(mn) \neq f(m)f(n),$$

于是我们可以选择这样一对 m,n，使得 mn 最小.

如果 $mn=1$，则 $f(1) \neq f(1)f(1)$，故 $f(1) \neq 1$. 因为 $h(1)=f(1)g(1)=f(1) \neq 1$，这将得出 $h(n)$ 不是积性函数，与所设矛盾.

如果 $mn>1$，则对所有正整数对 a,b，$(a,b)=1$，$ab<mn$，有 $f(ab)=f(a)f(b)$. 于是有

$$\begin{aligned}
h(mn) &= \sum_{a|m}\sum_{b|n} f(ab)g\left(\frac{mn}{ab}\right) \\
&= \sum_{\substack{a|m,b|n \\ ab<mn}} f(ab)g\left(\frac{m}{a}\frac{n}{b}\right) + f(mn)g(1) \\
&= \sum_{\substack{a|m,b|n \\ ab<mn}} f(a)f(b)g\left(\frac{m}{a}\right)g\left(\frac{n}{b}\right) + f(mn) \\
&= \sum_{a|m} f(a)g\left(\frac{m}{a}\right)\cdot\sum_{b|n} f(b)g\left(\frac{n}{b}\right) \\
&\quad - f(m)f(n) + f(mn) \\
&= h(m)h(n) - f(m)f(n) + f(mn).
\end{aligned}$$

因为 $f(mn)\neq f(m)f(n)$，故 $h(mn)\neq h(m)h(n)$，此与 $h(n)$ 是积性函数矛盾. 证完

定理 4 如 $g(n)$是一个积性函数，则 $g(n)$的狄利克雷逆函数也是一个积性函数.

证 因为 $g(n)$和 $g(n)*g^{-1}(n)=I(n)$都是积性函数，故由定理 3 知，$g^{-1}(n)$也是积性函数. 证完

定理 2 和定理 4 指出全体积性函数组成阿贝尔群 D 的一个子群.

完全积性函数的狄利克雷逆函数是容易决定的. 我们有

定理 5 设 $f(n)$是一个积性函数，则 $f(n)$是一个完全积性函数的充分必要条件是

$$f^{-1}(n)=\mu(n)f(n).$$

证 设 $g(n)=\mu(n)f(n)$，如果 $f(n)$是一个完全积性函数，则有

$$\begin{aligned}
g(n)*f(n) &= \sum_{d|n}\mu(d)f(d)f\left(\frac{n}{d}\right) = f(n)\sum_{d|n}\mu(d) \\
&= f(n)I(n)=I(n),
\end{aligned}$$

故 $f^{-1}(n)=g(n)$.

反之，假设 $f^{-1}(n)=\mu(u)f(n)$，为了证明 $f(n)$是完全积性函

数，只需证明对于素数的方幂 p^α，有 $f(p^\alpha)=f(p)^\alpha$. 对于 $n>1$，我们有

$$\sum_{d|n}\mu(d)f(d)f\left(\frac{n}{d}\right)=0,$$

因此，取 $n=p^\alpha$，$\alpha>0$，我们有

$$\mu(1)f(1)f(p^\alpha)+\mu(p)f(p)f(p^{\alpha-1})=0,$$

即

$$f(p^\alpha)=f(p)f(p^{\alpha-1}).$$

由此可推出 $f(p^\alpha)=f(p)^\alpha$，故 $f(n)$是完全积性函数. 证完

§7 数论函数 $\pi(n)$

我们用数论函数 $\pi(n)$表示不大于 n 的素数的个数. 在第一章中，已经证明了素数的个数是无穷的，即 $\pi(n)\to\infty$. 本节将用初等方法，进一步证明以下定理.

定理 1 设 $n\geqslant 2$，则有

$$\frac{1}{8}\frac{n}{\log n}\leqslant\pi(n)\leqslant 12\frac{n}{\log n}. \tag{1}$$

证 对于每一个素数 p，$p\leqslant 2n$，存在惟一的整数 r_p，使得 $p^{r_p}\leqslant 2n<p^{r_p+1}$. 我们首先证明

$$\prod_{n<p\leqslant 2n}p\,\Big|\,\frac{(2n)!}{n!n!} \tag{2}$$

和

$$\frac{(2n)!}{n!n!}\,\Big|\,\prod_{p\leqslant 2n}p^{r_p}. \tag{3}$$

因为当素数 p 满足 $n<p\leqslant 2n$ 时，$p\mid(2n)!$，但 $p\nmid n!$，故(2) 式成立. 由本章 §1 定理 1 知

$$\mathrm{pot}_p(2n)!=\sum_{t=1}^{r_p}\left[\frac{2n}{p^t}\right],\quad \mathrm{pot}_p n!=\sum_{t=1}^{r_p}\left[\frac{n}{p^t}\right].$$

又因为 $[x]-2\left[\frac{x}{2}\right]=0$ 或 1，故

$$\operatorname{pot}_p\binom{2n}{n}=\sum_{m=1}^{r_p}\left\{\left[\frac{2n}{p^m}\right]-2\left[\frac{n}{p^m}\right]\right\}\leqslant\sum_{m=1}^{r_p}1=r_p.$$

这就证明了(3). 由(2) 和(3)，我们得到

$$n^{\pi(2n)-\pi(n)}<\prod_{n<p\leqslant 2n}p\leqslant\binom{2n}{n}\leqslant\prod_{p\leqslant 2n}p^{r_p}\leqslant(2n)^{\pi(2n)},\quad n\geqslant 1. \tag{4}$$

又因

$$\binom{2n}{n}=\frac{2n(2n-1)\cdots(n+1)}{n(n-1)\cdots 1}=\prod_{i=1}^{n}\frac{n+i}{i}\geqslant\prod_{i=1}^{n}2=2^n,$$

和

$$\binom{2n}{n}\leqslant(1+1)^{2n}=2^{2n},$$

故由(4)得

$$n^{\pi(2n)-\pi(n)}<2^{2n},\quad 2^n\leqslant(2n)^{\pi(2n)},\quad n\geqslant 1. \tag{5}$$

令 $n=2^h, h=0,1,2,\cdots$，可得

$$2^{h(\pi(2^{h+1})-\pi(2^h))}<2^{2^{h+1}},\quad 2^{2^h}\leqslant 2^{(h+1)\pi(2^{h+1})},\quad h\geqslant 0,$$

即得

$$h(\pi(2^{h+1})-\pi(2^h))<2^{h+1},\quad 2^h\leqslant(h+1)\pi(2^{h+1}). \tag{6}$$

显然，$h\geqslant 0$ 时，有 $\pi(2^{h+1})\leqslant 2^h$，故由(6)得

$$(h+1)\pi(2^{h+1})-h\pi(2^h)<2^{h+1}+\pi(2^{h+1})\leqslant 3\cdot 2^h, h\geqslant 0,$$

令上式中 h 过 $0,1,\cdots,k$，而将所有诸式相加，得

$$(k+1)\pi(2^{k+1})<3(1+2+\cdots+2^k)<3\cdot 2^{k+1},\quad k\geqslant 0, \tag{7}$$

由(6)和(7)可知

$$\frac{1}{2}\frac{2^{k+1}}{k+1}\leqslant\pi(2^{k+1})<3\cdot\frac{2^{k+1}}{k+1},\quad k\geqslant 0, \tag{8}$$

设 $n\geqslant 2$，取 k 使

$$2^{k+1}\leqslant n<2^{k+2},\quad k\geqslant 0. \tag{9}$$

因为当 $l>0$ 时，

$$\sum_{t=2}^{2^l}\frac{1}{t}=\frac{1}{2}+\left(\frac{1}{3}+\frac{1}{4}\right)+\left(\frac{1}{5}+\frac{1}{6}+\frac{1}{7}+\frac{1}{8}\right)+\cdots$$
$$+\left(\frac{1}{2^{l-1}+1}+\cdots+\frac{1}{2^l}\right)$$
$$\geqslant\frac{1}{2}+\left(\frac{1}{4}+\frac{1}{4}\right)+\left(\frac{1}{8}+\frac{1}{8}+\frac{1}{8}+\frac{1}{8}\right)+\cdots$$
$$+\left(\frac{1}{2^l}+\cdots+\frac{1}{2^l}\right)$$
$$=\frac{l}{2},$$

以及

$$\sum_{t=2}^{2^l}\frac{1}{t}=\left(\frac{1}{2}+\frac{1}{3}\right)+\left(\frac{1}{4}+\frac{1}{5}+\frac{1}{6}+\frac{1}{7}\right)+\cdots+\frac{1}{2^l}$$
$$\leqslant\left(\frac{1}{2}+\frac{1}{2}\right)+\cdots+\left(\frac{1}{2^{l-1}}+\cdots+\frac{1}{2^{l-1}}\right)+\frac{1}{2^l}$$
$$\leqslant l,$$

故由(8)和(9)得

$$\pi(n)\leqslant\pi(2^{k+2})<3\cdot\frac{2^{k+2}}{k+2}\leqslant 6\frac{2^{k+1}}{\sum\limits_{t=2}^{2^{k+2}}\frac{1}{t}}\leqslant 6\frac{n}{\sum\limits_{t=2}^{2^{k+2}}\frac{1}{t}}$$
$$\leqslant\frac{6n}{\sum\limits_{t=2}^{n}\frac{1}{t}},\tag{10}$$

和

$$\pi(n)\geqslant\pi(2^{k+1})\geqslant\frac{1}{2}\frac{2^{k+1}}{k+1}$$
$$=\frac{1}{8}\frac{2^{k+2}}{\frac{k+1}{2}}\geqslant\frac{1}{8}\frac{2^{k+2}}{\sum\limits_{t=2}^{2^{k+1}}\frac{1}{t}}\geqslant\frac{1}{8}\frac{n}{\sum\limits_{t=2}^{n}\frac{1}{t}}.\tag{11}$$

又当 $n\geqslant 2$ 时，

$$\log\frac{n}{2}=\int_2^n\frac{\mathrm{d}t}{t}<\frac{1}{2}+\frac{1}{3}+\cdots+\frac{1}{n}<\int_1^n\frac{\mathrm{d}t}{t}=\log n,$$

$n\geqslant 4$ 时，

$$\log\frac{n}{2}\geqslant\frac{1}{2}\log n.$$

我们另有 $\frac{1}{2}\log 3\leqslant\frac{1}{2}+\frac{1}{3}$，$\frac{1}{2}\log 2\leqslant\frac{1}{2}$，故由(10)和(11)得

$$\frac{1}{8}\frac{n}{\log n}\leqslant\pi(n)\leqslant\frac{12n}{\log n}.$$ 证完

下面，我们将给出 $\pi(n)$ 一个更好的下界，所用方法也更简短一些.

定理 2 对于 $n\geqslant 4$，

$$\pi(n)\geqslant\log 2\,\frac{n}{\log n}.$$

证 对于 $1\leqslant m\leqslant n$，考虑积分

$$I(m,n)=\int_0^1 x^{m-1}(1-x)^{n-m}\mathrm{d}x=\sum_{r=0}^{n-m}(-1)^r\binom{n-m}{r}\frac{1}{m+r}. \tag{12}$$

设 $d_n=[1,2,\cdots,n]$，显然，$d_nI(m,n)$ 是一个整数. 另一方面，容易计算，$I(m,n)=\dfrac{1}{m\binom{n}{m}}$，故对每一个 m，$1\leqslant m\leqslant n$，均有 $m\binom{n}{m}\mid d_n$，特别地，因为 $n\binom{2n}{n}\mid d_{2n}$，$(2n+1)\binom{2n}{n}=(n+1)\cdot\binom{2n+1}{n+1}$，$d_{2n}\mid d_{2n+1}$，故 $n\binom{2n}{n}$ 和 $(2n+1)\binom{2n}{n}$ 均整除 d_{2n+1}. 又因 $(n,2n+1)=1$，故

$$n(2n+1)\binom{2n}{n}\,\Big|\,d_{2n+1}. \tag{13}$$

又因

$$(1+1)^{2n}\leqslant(2n+1)\binom{2n}{n}, \tag{14}$$

于是，(13)和(14)给出

$$d_{2n+1}\geqslant n(2n+1)\binom{2n}{n}\geqslant n\cdot 4^n.$$

故当 $n\geqslant 4$ 时，

$$d_{2n+2}\geqslant d_{2n+1}\geqslant n\cdot 4^n\geqslant 4^{n+1}=2^{2n+2},$$

也即 $N\geqslant 9$ 时，

$$d_N\geqslant 2^N. \tag{15}$$

设 $p^a\parallel d_N$，则必有某个 $m,1\leqslant m\leqslant N$，使得 $p^a\parallel m$，故 $p^a\leqslant N$，因此

$$d_N=\prod_{p\leqslant N}p^a\leqslant\prod_{p\leqslant N}p^{\frac{\log N}{\log p}}. \tag{16}$$

由(15)和(16)得

$$N\log 2\leqslant\log d_N\leqslant\sum_{p\leqslant N}\log N=\log N\cdot\pi(N),$$

故得 $N\geqslant 9$ 时，

$$\pi(N)\geqslant\log 2\cdot\frac{N}{\log N}.$$

对于 $4\leqslant N\leqslant 8$ 时，以上不等式可直接证明. 证完

定理 1 就是著名的切比雪夫(Чебышеb)定理. 尽管(1)中的系数还可以改进，但无法由此得到素数定理：$\lim\limits_{x\to\infty}\dfrac{\pi(x)}{\dfrac{x}{\log x}}=1$. 关于素数定理本书不准备证明了.

§ 8 卢卡斯序列

19 世纪，卢卡斯(Lucas)研究了整数序列

$$u_n=\frac{\alpha^n-\beta^n}{\alpha-\beta},\quad n=0,1,\cdots \tag{1}$$

和

$$v_n=\alpha^n+\beta^n,\quad n=0,1,\cdots \tag{2}$$

其中 α,β 为以下整系数二次方程的两个根：

$$x^2-Px+Q=0,\ (P,Q)=1. \tag{3}$$

我们把(1)和(2)都叫做**卢卡斯序列**. 这类序列在整数的分解，不定方程等方面都有用.

显然有

定理 1 序列(1)和(2)分别为以下整数序列

$$u_{n+2}=Pu_{n+1}-Qu_n,\quad u_0=0,\quad u_1=1, \tag{4}$$

和

$$v_{n+2}=Pv_{n+1}-Qv_n,\quad v_0=2,\quad v_1=P. \tag{5}$$

证 只需把(1),(2)分别代入(4)和(5)的右端,并利用(3)便知. 证完

(4)和(5)这样的序列,叫做**循环序列**.

定理 2 序列 u_n 和 v_n 满足以下诸关系式

$$u_{2n}=u_nv_n, \tag{6}$$

$$v_n^2-(\alpha-\beta)^2u_n^2=4Q^n, \tag{7}$$

$$2u_{m+n}=u_mv_n+u_nv_m, \tag{8}$$

$$2v_{m+n}=Du_mu_n+v_mv_n, D=P^2-4Q, \tag{9}$$

$$u_n^2-u_{n-1}u_{n+1}=Q^{n-1}. \tag{10}$$

证 (6)是明显的. 因为

$$\begin{aligned}&(v_n-(\alpha-\beta)u_n)(v_n+(\alpha-\beta)u_n)\\&=(\alpha^n+\beta^n-(\alpha^n-\beta^n))(\alpha^n+\beta^n+\alpha^n-\beta^n)\\&=4(\alpha\beta)^n=4Q^n,\end{aligned}$$

这就证明了(7).

将(1)和(2)代入(8)的右端便知(8)成立.

由于 $P^2-4Q=(\alpha-\beta)^2$,再用证(8)的方法可证得(9).

由

$$\begin{aligned}u_n^2-u_{n-1}u_{n+1}&=\left(\frac{\alpha^n-\beta^n}{\alpha-\beta}\right)^2-\frac{(\alpha^{n-1}-\beta^{n-1})(\alpha^{n+1}-\beta^{n+1})}{(\alpha-\beta)^2}\\&=\frac{1}{(\alpha-\beta)^2}(\alpha^{2n}+\beta^{2n}-2(\alpha\beta)^n-(\alpha^{2n}-\alpha^2(\alpha\beta)^{n-1}\\&\quad-\beta^2(\alpha\beta)^{n-1}+\beta^{2n}))\end{aligned}$$

$$=\frac{(\alpha\beta)^{n-1}(\alpha^2+\beta^2-2\alpha\beta)}{(\alpha-\beta)^2}=Q^{n-1},$$

可知(10)成立. 证完

定理 3 设 p 是一个素数,$p\nmid 2Q$,设 u_l 是序列 $u_1,u_2,\cdots$ 中被 p 整除的脚标最小的数,则 $p\mid u_n$ 的充分必要条件是 $l\mid n$.

证 设 $l\mid n$,则有 $n=lm,m\geqslant 1$,

$$u_n=\frac{\alpha^n-\beta^n}{\alpha-\beta}=\frac{\alpha^{lm}-\beta^{lm}}{\alpha-\beta}=\frac{\alpha^l-\beta^l}{\alpha-\beta}f(\alpha,\beta),$$

因为 α^l,β^l 是二次方程 $x^2-v_lx+Q^l=0$ 的两个根,因此,类似(4),可证

$$f(\alpha,\beta)=\frac{(\alpha^l)^m-(\beta^l)^m}{\alpha^l-\beta^l}$$

是一个整数,故 $u_l\mid u_n$. 由 $p\mid u_l$,即得 $p\mid u_n$.

反之,设 $p\mid u_n,n=ql+r,0\leqslant r<l$,由(8)式得

$$2u_{ql+r}=u_{ql}v_r+u_rv_{ql}.$$

因为 $p\mid u_{ql+r},p\mid u_{ql}$,故 $p\mid u_rv_{ql}$. 由 $p\nmid 2Q$ 和(7)知 $p\nmid v_{ql}$,故 $p\mid u_r$. 因为 $0\leqslant r<l$,故 $r=0$,即知

$$l\mid n.$$ 证完

如果设 $P=1,Q=-1$,(1) 就给出了著名的斐波那契 (Fibonacci) 数列

$$F_{n+2}=F_{n+1}+F_n,n\geqslant 0,F_0=F_1=1.$$

斐波那契数列能表哪些形状的数,是一个令人感兴趣的问题,这方面有过不少研究. 例如,1965 年, 我们曾证明:斐波那契数列中的平方数仅有 1 和 144(参见柯召、孙琦. 关于 Fiboncci 平方数. 四川大学学报,1965(2)). 1989 年,罗明证明了斐波那契数列中仅有 1,3,21 和 55 为三角数(参见 M. Luo,On triangular Fibonacci numbers,The Fibonacci Quarterly,1989(2)).

下一章,当引入二次剩余的概念后,我们将介绍卢卡斯序列在整数分解上的应用.

§ 9　陷门单向函数与公开密钥码

传统的保密系统，收发双方有相同的加密密钥和相同的解密密钥，而且加密密钥和解密密钥也是相同的，其密钥需要严格保密不能丢失. 这样，整个系统的密钥数量往往很大，难以分配和管理. 另一方面，收方可以修改内容，发方也可以否认所发的内容，双方可能因此发生争执. 公开密钥码最重要之处有两点：一是，将加密密钥和解密密钥分开，加密密钥可以公开，而解密密钥则是严格保密的；二是，这一体制可以发送签了名的消息. 因此，公开密钥体制的提出，解除了上述传统的保密系统所产生的困难，这是密码学中的重大突破.

公开密钥码体制是基于 1976 年，迪费(Diffie) 和海尔曼(Hellman) 提出的陷门单向函数，这样的函数满足以下三个条件(一般可设为某一区间上的数论函数).

定义　把数论函数 $f(n)$叫做**陷门单向函数**，如果它满足：

① 对 $f(n)$的定义域中的每一个 n，均存在函数 $f^{-1}(l)$，使 $f^{-1}(f(n))=f(f^{-1}(n))=n$；

② $f(n)$与 $f^{-1}(l)$都容易计算；

③ 仅根据已知的计算 $f(n)$的算法，去找出计算 $f^{-1}(l)$的容易算法是非常困难的.

利用陷门单向函数，就可以构成如下的公开密钥码体制. 有一个部门，下设 $A,B,C,\cdots$若干机构，各机构均有自己的陷门单向函数，分别设为 $f_A(n),f_B(n),f_C(n),\cdots$，各函数的算法分别作为各部门的编码(加密)方法而予公开，而诸 $f_A^{-1}(l),f_B^{-1}(l),f_C^{-1}(l),\cdots$的容易算法，作为解密密钥则是保密的. 这样，部门中的任一机构(包括部门外的机构)，都可给其中的一个机构发保密信. 例如，B 向 A 发保密信，方法是，设 B 向 A 所发的明文为 n，代入 A 所公开的陷门单向函数 $f_A(n)$，得 $f_A(n)=m$，m 即为密文，由于只有 A 知

道 $f_A^{-1}(m)$ 的容易算法，因此，A 可由 $f_A^{-1}(m)=f_A^{-1}(f_A(n))=n$ 脱密.

另外，部门内的各成员可以彼此发签名信. 例如，B 给 A 发签名信，方法是，设明文为 n，先用 $f_B^{-1}(l)$ 对 n 加密得 $f_B^{-1}(n)=m$，再用 $f_A(n)$ 对 m 加密得 $f_A(m)=t$. A 收到 t 后，由 $f_A^{-1}(t)=m$ 得 $f_B(m)=f_B(f_B^{-1}(n))=n$，即可读到 B 发出的原信了. 因为只有 B 才能发这样的双重加密信，所以，B 的签名是无法伪造的.

1977 年，里凡斯特(Rivest)等，首先找到一类便于应用的陷门单向函数，通常称 RSA 体制. 我们有以下定理.

定理 1 设 $m=pq$，适当选择两个给定的奇素数 p、q，以及正整数 s 满足 $(s,p-1)=(s,q-1)=1$，则可使

$$f(n)=\langle n^s\rangle_m \tag{1}$$

是区间 $[1,m-1]$ 上的一个陷门单向函数.

证 由于 $(s,(p-1)(q-1))=1$，故存在整数 h 满足

$$sh\equiv 1(\bmod\ \varphi(m)),0<h<\varphi(m). \tag{2}$$

设 $f(n)=\langle n^s\rangle_m=l$，$n\in[1,m-1]$，定义

$$F(l)=\langle l^h\rangle_m. \tag{3}$$

我们来证明 $F(l)=f^{-1}(l)$. 设 $n\in[1,m-1]$，由(1)和(2)，有

$$F(f(n))=\langle f(n)^h\rangle_m\equiv f(n)^h\equiv n^{sh}(\bmod\ m), \tag{4}$$

如果 $(n,m)=1$，利用第二章 §3 定理 4，再由(2)，(4)式给出 $F(f(n))\equiv n(\bmod\ m)$，即得

$$F(f(n))=n.$$

如果 $(n,m)>1$，则 $p\mid n$ 或 $q\mid n$，由(4)分别取模数 p 或模数 q，仍然给出 $F(f(n))=n$. 同样的方法，可以证明 $f(F(n))=n$. 这就证明了 $f^{-1}(l)=F(l)$.

(1)式和(2)式均为整数的乘幂然后求模数 m 的最小非负剩余，这一运算在计算机上是容易计算的. 然后，适当选择大素数 p，q，要想通过 m 和 s 来求出 p 和 q(或 h)，这是非常困难的. 因为 m 适当大，求出其标准分解式，要花费惊人的时间，几乎是不可能的.

因此，适当选择两个给定的奇素数 p,q，可使(1)给出区间$[1,m-1]$上的一个陷门单向函数. 证完

公开密钥体制的提出，是数论在密码学中的重要应用，同时，也促进了数论学科本身的发展. 例如，采用 RSA 体制，首先需要寻求一些大素数，目前，关于判定大数是否素数方面，有许多重要的工作. 其次，需要寻找分解整数 m 的有效方法，这方面，目前还没有找到有效的方法. 因此，采用 RSA 体制的公开密钥码还很难破. 里凡斯特等人给出的一个具体例子是定理中的 p 是一个 64 位的素数，q 是一个 65 位的素数，$m=pq$ 是一个 130 位的数，$s=9007$. 编码方法是把需要加密的拼音文字首先译成一个数 n(例如，26 个英文字母，可设 $A=01,B=02,\cdots,Z=26$，并用 00 表示词与词的间隔)，如果 $n\geqslant m$，可将 n 分段处理，使每段的数值小于 m. 不失一般，可设 $0<n<m$，用电子计算机，计算 $\langle n^{9007}\rangle_m$ 只需几秒钟，但是在当时分解这个 130 位的数却需要花费多得惊人的时间，可以说是无法实现的. 这就是一个具体的陷门单向函数给出的一个公开密钥码. 需要指出的是，现在的整数分解方法，已经能够有效地分解一个 155 位的十进制数. 因此，70 年代，里凡斯特等人给出的 $m=pq$是一个 130 位的数，已经不安全了. 从安全性考虑，目前人们建议选择的 p 和 q 大约是 155 位的素数，那么 m 将是 309 位数. 关于素数的判定和整数分解的一些方法，我们将在第六章中介绍. 自 RSA 公开密钥体制问世以来，已经 20 多年，其间，密码学的发展迅速，用到的数论知识也越来越多，有兴趣读者可参阅朱文余，孙琦编的《计算机密码应用基础》.

最后，我们指出，对于 $n=pq$，计算 $\varphi(n)$与分解 n 是等价的.

定理 2 设 $n=pq$，p,q 是两个不同的素数，则计算 $\varphi(n)$的值与分解 n 是等价的.

证 如果已经知道 n 的分解 $n=pq$，则立即可求出 $\varphi(n)$的值：$\varphi(n)=(p-1)(q-1)$.

反之，如果已知 n 和 $\varphi(n)$的值，那么，容易求出 n 的因子 p 和

q. 记 $q=\frac{n}{p}$，代入 $\varphi(n)$ 的公式得

$$\varphi(n)=(p-1)(q-1)=(p-1)\left(\frac{n}{p}-1\right),$$

即有

$$p\varphi(n)=(p-1)(n-p)=pn-n-p^2+p,$$
$$p^2+p(\varphi(n)-(n+1))+n=0.$$

故 p 是二次方程

$$x^2+(\varphi(n)-(n+1))x+n=0$$

的一个根，而 q 是另一个根. 证完

例 设 $n=143$，$\varphi(n)=120$，则

$$x^2-24x+143=0$$

的两个根为

$$x=\frac{24\pm\sqrt{576-572}}{2}=\frac{24\pm 2}{2},$$

即得 $143=11\cdot 13$.

当 n 是 200 位数时，计算 $\varphi(n)$ 并不比分解 n 容易，所以 RSA 是安全的.

第三章 习 题

1. 证明：若 n 为正整数，α 为实数，则

① $\left[\frac{[n\alpha]}{n}\right]=[\alpha]$;

② $[\alpha]+\left[\alpha+\frac{1}{n}\right]+\cdots+\left[\alpha+\frac{n-1}{n}\right]=[n\alpha]$.

2. 证明不等式

$$[2\alpha]+[2\beta]\geqslant[\alpha]+[\alpha+\beta]+[\beta].$$

3. 证明：若 $a>0$，$b>0$，$n>0$，满足 $n\mid a^n-b^n$，则

$$n\left|\frac{a^n-b^n}{a-b}\right..$$

4. 证明：若 $n\geqslant 5$，$2\leqslant b\leqslant n$，则

$$b-1 \left| \left[\frac{(n-1)!}{b} \right] \right..$$

5. 证明：对于任意正整数 n，

$$\frac{(2n)!}{n!\ (n+1)!}$$

是一个整数.

6. 证明：设 $n = \sum_{j=1}^{k} n_j$，则

① $\dfrac{n!}{n_1!n_2!\cdots n_k!}$ 是一个整数；

② 如 n 是一个素数，而 $\max(n_1,\cdots,n_k) < n$，则

$$n \left| \frac{n!}{n_1!\cdots n_k!} \right..$$

7. 证明：如果在自然数列

$$1 \leqslant a_1 < a_2 < \cdots < a_k \leqslant n$$

中，任意两个数 a_i, a_j 的最小公倍数 $[a_i, a_j] > n$，则 $k \leqslant \left[\dfrac{n+1}{2}\right]$.

8. 证明：若 $k > 0$，则

$$\sum_{\varphi(d)=k} \mu(d) = 0.$$

9. 证明

$$\sum_{d^2 \mid n} \mu(d) = \mu^2(n).$$

10. 证明：对于任一个素数 p，

$$\sum_{d \mid n} \mu(d)\mu((p,d)) = \begin{cases} 1, & \text{若 } n = 1, \\ 2, & \text{若 } n = p^{\alpha}, \alpha \geqslant 1, \\ 0, & \text{若 } n \text{ 是其余情形}. \end{cases}$$

11. 证明

$$\frac{n}{\varphi(n)} = \sum_{d \mid n} \frac{\mu^2(d)}{\varphi(d)}.$$

12. 证明：$\sum_{d \mid n} \mu(d)\varphi(d) = 0$ 的充分必要条件是 $n \equiv 0 \pmod 2$.

13. 证明

$$\sum_{d=1}^{n} \varphi(d) \left[\frac{n}{d}\right] = \frac{n(n+1)}{2} \quad (n > 0).$$

14. 计算

$$S(n)=\sum_{d\mid n}\mu(d)\mu\left(\frac{n}{d}\right).$$

15. 证明:n 是素数的充分必要条件是 $\sigma(n)+\varphi(n)=nd(n)$.

16. 证明:如果有正整数 n 满足

$$\varphi(n+3)=\varphi(n)+2,$$

则 $n=2p^{\alpha}$ 或 $n+3=2p^{\alpha}$,其中 $\alpha\geqslant 1$,$p\equiv 3(\bmod 4)$,p 是素数.

17. 证明

$$\varphi(n)\geqslant\frac{n}{d(n)}.$$

18. 求出满足

$$\varphi(mn)=\varphi(m)+\varphi(n)$$

的全部正整数对(m,n).

19. 证明:若 $n>0$,满足 $24\mid n+1$,则

$$24\mid\sigma(n).$$

20. 证明:若 $n=p_1^{\alpha_1}\cdots p_k^{\alpha_k}$,$k\leqslant 8$,则

$$\varphi(n)>\frac{n}{6}.$$

21. 设 $\omega(1)=0$,$n>1$,$\omega(n)$ 是 n 的不同的素因子的个数,证明:

$$f(n)=\omega(n)*\mu(n)=0\text{ 或 }1.$$

22. 设 $f(x)$ 的定义域是$[0,1]$中的有理数,

$$F(n)=\sum_{k=1}^{n}f\left(\frac{k}{n}\right),\quad F^{*}(n)=\sum_{\substack{k=1\\(k,n)=1}}^{n}f\left(\frac{k}{n}\right).$$

证明:$F^{*}(n)=\mu(n)*F(n)$.

23. 证明:若 $f(n)$ 是完全积性函数,则对所有的数论函数 $g(n)$,$h(n)$,有

$$f(n)(g(n)*h(n))=(f(n)g(n))*(f(n)h(n)).$$

24. 证明:若 $f(n)$ 和 $f_1(n)$ 各为 $g(n)$,$g_1(n)$ 的麦比乌斯变换,则

$$\sum_{d\mid n}f(d)g_1\left(\frac{n}{d}\right)=\sum_{d\mid n}g(d)f_1\left(\frac{n}{d}\right).$$

25. 设 $f(x)$ 是一个整系数多项式,$\psi(n)$ 代表

$$f(0),f(1),\cdots,f(n-1)\tag{1}$$

中与 n 互素的数的个数,证明:

① $\psi(n)$ 是积性数论函数;

② $\psi(p^{\alpha})=p^{\alpha-1}(p-b_p)$,$b_p$ 代表(1)中被素数 p 整除的数的个数.

26. 证明 $\sum\limits_{t|n}(d(t))^3 = \left(\sum\limits_{t|n}d(t)\right)^2$.

27. 找出所有的正整数 n 分别满足

① $\varphi(n) = \dfrac{n}{2}$；　② $\varphi(n) = \varphi(2n)$；　③ $\varphi(n) = 12$.

28. 证明:设 p_n 表示第 n 个素数,则存在正常数 C_1, C_2 使

$$C_1 n\log n < p_n < C_2 n\log n.$$

29. 证明:设 $F_0 = F_1 = 1, F_{n+2} = F_{n+1} + F_n (n \geqslant 0)$,则

$$(F_m, F_n) = F_{(m,n)}.$$

30. 证明:设 $f(n)$ 是一个积性函数,若对素数的方幂 $p^\alpha (\alpha \geqslant 1)$ 有

$$f(p^\alpha) = f(p)^\alpha,$$

则 $f(n)$ 是完全积性函数.

31. 证明:若 $F(n), f(n)$ 是二个数论函数,则 $F(n) = \prod\limits_{d|n} f(d)$ 的充分必要条件是 $f(n) = \prod\limits_{d|n} F(d)^{\mu\left(\frac{n}{d}\right)}$.

第四章　二 次 剩 余

本章重点介绍二次剩余理论及其某些应用，其中二次互反律是数论中重要的定理，在数论许多方面都很有用.

§ 1　二 次 剩 余

在一般的二次同余式中，最基本的是二次同余式

$$x^2 \equiv n \pmod{m}, (n, m) = 1. \tag{1}$$

我们有以下的定义.

定义　设 $m > 1$，若(1)有解，则 n 叫做模数 m 的**二次剩余**；若无解，则 n 叫做模数 m 的**二次非剩余**.

在第二章中，我们已经知道，解同余式(1)归结到 m 为素数的情形. 因为 $m = 2$ 时，解同余式(1)变得极为容易，所以，我们着重讨论 $m = p$ 的情形，这里 p 是一个奇素数，即二次同余式

$$x^2 \equiv n \pmod{p}, (p, n) = 1. \tag{2}$$

定理 1　在模数 p 的缩系 $1, 2, \cdots, p-1$ 中，有 $\frac{1}{2}(p-1)$ 个模数 p 的二次剩余和 $\frac{1}{2}(p-1)$ 个模数 p 的二次非剩余，且

$$1, \langle 2^2 \rangle_p, \cdots, \langle \left(\frac{p-1}{2}\right)^2 \rangle_p \tag{3}$$

就是模数 p 缩系中的全部二次剩余.

证　设 $1 \leqslant n \leqslant p-1$ 是模数 p 的一个二次剩余，则二次同余式(2)有解 x_1，显然 $p - x_1$ 也是(2)的解. 由于 $x_1 \not\equiv p - x_1 \pmod{p}$，再由第二章 § 5 的定理 1 知(2)若有解，则恰有二解.

于是，不失一般，可设 $1\leqslant x_1\leqslant\frac{p-1}{2}$，故由 $1\leqslant n\leqslant p-1$，$\langle x_1^2\rangle_p\equiv x_1^2\equiv n\pmod p$，可知 n 必与(3)中之一数相等. 反之，(3)中之每一个数，显然都是模数 p 的缩系中的二次剩余，而且(3)中没有两个数是相等的. 因为，如果(3)中有两个数相等，设为 $1\leqslant j<i\leqslant\frac{p-1}{2}$，$\langle j^2\rangle_p=\langle i^2\rangle_p$，则有

$$j^2\equiv\langle j^2\rangle_p=\langle i^2\rangle_p\equiv i^2\pmod p,$$

即得

$$(j-i)(j+i)\equiv 0\pmod p.$$

因为 $1<j+i<p$，故 $p\mid j-i$，与所设 $1\leqslant j<i\leqslant\frac{p-1}{2}$ 矛盾. 这就证明了(3)给出了模数 p 的缩系 $1,2,\cdots,p-1$ 中全部的二次剩余. 因此，二次非剩余也有 $\frac{p-1}{2}$ 个. 证完

定理 2 如果 n 是模数 p 的二次剩余，则

$$n^{\frac{p-1}{2}}\equiv 1\pmod p, \tag{4}$$

而如果 n 是模数 p 的二次非剩余，则

$$n^{\frac{p-1}{2}}\equiv -1\pmod p. \tag{5}$$

证 如果 n 是模数 p 的二次剩余，则(2)有解 x_1，且 $(x_1,p)=1$，利用第二章§3定理5，由(2)推出

$$1\equiv x_1^{p-1}\equiv n^{\frac{p-1}{2}}\pmod p,$$

即(4)成立. 再由 $n^{p-1}\equiv 1\pmod p$，推出

$$(n^{\frac{p-1}{2}}-1)(n^{\frac{p-1}{2}}+1)\equiv 0\pmod p.$$

因为 p 是奇素数，所以(4)和(5)中有一个且只有一个成立. 我们已经证明了，如果 n 是模数 p 的二次剩余则(4)成立，故(3)给出了 $x^{\frac{p-1}{2}}\equiv 1\pmod p$ 的 $\frac{p-1}{2}$ 个解，而由第二章§5的定理2知，(3)给出了它的全部解. 于是由定理1知模数 p 的缩系中 $\frac{p-1}{2}$ 个二次

非剩余给出了 $x^{\frac{p-1}{2}}\equiv -1 \pmod p$ 的全部解.这就证明了若 n 是模数 p 的二次非剩余,则(5)成立. 证完

显然有以下推论.

推论 n 是模数 p 的二次剩余的充分必要条件是 $n^{\frac{p-1}{2}}\equiv 1 \pmod p$;$n$ 是模数 p 的二次非剩余的充分必要条件是 $n^{\frac{p-1}{2}}\equiv -1 \pmod p$.

§2 勒让德符号

上一节定理 2 给出的判别 n 是否模数 p 的二次剩余的法则,在 p 大时,很难实际应用.现在引入勒让德(Legendre)符号,以便给出一个易于实际计算的判别方法.

定义 设 p 为奇素数,$(p,n)=1$,令

$$\left(\frac{n}{p}\right)=\begin{cases}1, & \text{若 } n \text{ 是模数 } p \text{ 的二次剩余},\\ -1, & \text{若 } n \text{ 是模数 } p \text{ 的二次非剩余}.\end{cases}$$

函数 $\left(\frac{n}{p}\right)$ 叫做**勒让德符号**.

由勒让德符号的定义,上一节的定理 2 可改写为:设 p 是一个奇素数,$p\nmid n$,则

$$\left(\frac{n}{p}\right)\equiv n^{\frac{p-1}{2}} \pmod p. \tag{1}$$

由(1),显然有 $\left(\frac{1}{p}\right)=1$.

由于 $n\equiv n' \pmod p$ 时,n 和 n' 同为模数 p 的二次剩余或同为模数 p 的二次非剩余,故有 $\left(\frac{n}{p}\right)=\left(\frac{n'}{p}\right)$.

当 $n\equiv 0 \pmod p$,如果我们定义 $\left(\frac{n}{p}\right)=0$,则有下面的定理.

定理 1 对于给定的奇素数 p,勒让德符号 $\left(\frac{n}{p}\right)$ 是一个完全积性函数.

证 如果 $p\mid mn$，则 $p\mid m$ 或 $p\mid n$，故 $\left(\frac{mn}{p}\right)=\left(\frac{m}{p}\right)\left(\frac{n}{p}\right)=0$. 如果 $p\nmid mn$，则 $p\nmid m$，$p\nmid n$，故

$$\left(\frac{mn}{p}\right)\equiv(mn)^{\frac{p-1}{2}}=m^{\frac{p-1}{2}}\cdot n^{\frac{p-1}{2}}\equiv\left(\frac{m}{p}\right)\left(\frac{n}{p}\right)\pmod p. \qquad (2)$$

因为 $\left(\frac{mn}{p}\right)-\left(\frac{m}{p}\right)\left(\frac{n}{p}\right)=\pm2,0$，故(2)给出 $\left(\frac{mn}{p}\right)=\left(\frac{m}{p}\right)\left(\frac{n}{p}\right)$.

于是，当 $n=\pm2^m q_1^{l_1}\cdots q_s^{l_s}$，其中 $2<q_1<\cdots<q_s$，$q_i(i=1,\cdots,s)$ 是素数时，有

$$\left(\frac{n}{p}\right)=\left(\frac{\pm1}{p}\right)\left(\frac{2}{p}\right)^m\left(\frac{q_1}{p}\right)^{l_1}\cdots\left(\frac{q_s}{p}\right)^{l_s}.$$

因为 $\left(\frac{1}{p}\right)=1$，所以任给一个整数 n，计算 $\left(\frac{n}{p}\right)$ 时，只需算出下面的三种值：

$$\left(\frac{-1}{p}\right),\quad \left(\frac{2}{p}\right),\quad \left(\frac{q}{p}\right)(q\text{ 为奇素数}).$$

定理 2 对于每一个奇素数 p，我们有

$$\left(\frac{-1}{p}\right)=(-1)^{\frac{p-1}{2}}=\begin{cases}1, & \text{若 } p\equiv1\pmod 4,\\ -1, & \text{若 } p\equiv3\pmod 4.\end{cases}$$

证 因为

$$\left(\frac{-1}{p}\right)\equiv(-1)^{\frac{p-1}{2}}\pmod p,$$

故

$$\left(\frac{-1}{p}\right)=(-1)^{\frac{p-1}{2}}.$$

证完

定理 3 对于每一个奇素数 p，我们有

$$\left(\frac{2}{p}\right)=(-1)^{\frac{p^2-1}{8}}=\begin{cases}1, & \text{若 } p\equiv\pm1\pmod 8,\\ -1, & \text{若 } p\equiv\pm3\pmod 8.\end{cases}$$

证 考虑以下 $\frac{p-1}{2}$ 个同余式

$$p-1\equiv1(-1)\pmod p,$$

$$2\equiv2(-1)^2\pmod p,$$

$$p-3\equiv 3(-1)^3 \pmod p,$$

$$4\equiv 4(-1)^4 \pmod p,$$

$$\vdots$$

$$r\equiv \frac{p-1}{2}(-1)^{\frac{p-1}{2}} \pmod p,$$

$$r=\begin{cases} p-\dfrac{p-1}{2}, 若\ p\equiv 3 \pmod 4, \\ \dfrac{p-1}{2}, 若\ p\equiv 1 \pmod 4. \end{cases}$$

将以上$\frac{p-1}{2}$个同余式相乘，注意左边都是偶数，得

$$2\cdot 4\cdot 6\cdots(p-3)(p-1)\equiv\left(\frac{p-1}{2}\right)!\ (-1)^{1+2+\cdots+\frac{p-1}{2}} \pmod p,$$

即
$$2^{\frac{p-1}{2}}\left(\frac{p-1}{2}\right)!\ \equiv\left(\frac{p-1}{2}\right)!\ (-1)^{\frac{p^2-1}{8}} \pmod p.$$

因为 $p\nmid\left(\frac{p-1}{2}\right)!$ 和 $2^{\frac{p-1}{2}}\equiv\left(\frac{2}{p}\right) \pmod p$，故

$$\left(\frac{2}{p}\right)\equiv(-1)^{\frac{p^2-1}{8}} \pmod p,$$

又因为 p 是奇素数，即得

$$\left(\frac{2}{p}\right)=(-1)^{\frac{p^2-1}{8}}.$$

证完

§3 高斯引理

19 世纪初，高斯证明了以下结果，通常称高斯引理.

定理 1 （高斯引理）设 p 是一个奇素数，$(p,n)=1$，且$\frac{1}{2}(p-1)$个数

$$\langle n\rangle_p, \langle 2n\rangle_p, \cdots, \langle\frac{(p-1)n}{2}\rangle_p \tag{1}$$

中有 m 个大于$\frac{1}{2}p$，则

$$\left(\frac{n}{p}\right)=(-1)^m.$$

证 以 $a_1,\cdots,a_l$ 表示(1)中所有小于$\frac{1}{2}p$ 的数,$b_1,\cdots,b_m$ 表示(1)中所有大于$\frac{1}{2}p$ 的数,显然,$l+m=\frac{1}{2}(p-1)$,且

$$\prod_{s=1}^{l}a_s\prod_{t=1}^{m}b_l\equiv\prod_{k=1}^{\frac{1}{2}(p-1)}kn=\left(\frac{p-1}{2}\right)!n^{\frac{p-1}{2}}(\mathrm{mod}\ p).\tag{2}$$

$p-b_l$ 也在 1 和$\frac{1}{2}(p-1)$之间,故 $a_s,p-b_l(s=1,\cdots,l;t=1,\cdots,m)$是 1 和$\frac{1}{2}(p-1)$之间的$\frac{1}{2}(p-1)$个数.现证这$\frac{1}{2}(p-1)$个数各不相同,这只需证 $a_s\neq p-b_t$.如果 $a_s=p-b_t$,则有

$$xn+yn\equiv 0(\mathrm{mod}\ p)\left(1\leqslant x\leqslant\frac{p-1}{2},1\leqslant y\leqslant\frac{p-1}{2}\right),$$

即
$$x+y\equiv 0(\mathrm{mod}\ p).$$

此不可能,故

$$\prod_{s=1}^{l}a_s\prod_{t=1}^{m}(p-l_t)=\left(\frac{p-1}{2}\right)!.$$

由(2)

$$\left(\frac{p-1}{2}\right)!=\prod_{s=1}^{l}a_s\prod_{t=1}^{m}(p-b_t)$$

$$=(-1)^m\prod_{s=1}^{l}a_s\prod_{t=1}^{m}b_t\equiv(-1)^m\left(\frac{p-1}{2}\right)!n^{\frac{p-1}{2}}(\mathrm{mod}\ p),$$

故得

$$n^{\frac{p-1}{2}}\equiv(-1)^m(\mathrm{mod}\ p).$$

由于 $n^{\frac{p-1}{2}}\equiv\left(\frac{n}{p}\right)(\mathrm{mod}\ p)$,故

$$\left(\frac{n}{p}\right)\equiv(-1)^m(\mathrm{mod}\ p),$$

即得$\left(\frac{n}{p}\right)=(-1)^m$. 证完

由高斯引理,可给§2中**定理3的另一个证明**:

在定理1中取 $n=2$,则(1)给出

$$2,2\cdot 2,3\cdot 2,\cdots,\left(\frac{p-1}{2}\right)\cdot 2.$$

现求出适合

$$\frac{p}{2}<2k<p\left(即\frac{p}{4}<k<\frac{p}{2}\right)$$

的 k 的个数,即得 $m=\left[\frac{p}{2}\right]-\left[\frac{p}{4}\right]$.

令 $p=8a+r$,$r=1,3,5,7$,则得

$$m=2a+\left[\frac{r}{2}\right]-\left[\frac{r}{4}\right]\equiv 0,1,1,0(\bmod 2),$$

故

$$\left(\frac{2}{p}\right)=(-1)^{\frac{p^2-1}{8}}.$$

高斯引理可以作如下推广.首先给出一个定义.

定义 设 p 是一个奇素数,如果 $\frac{p-1}{2}$ 个数 $r_1,\cdots,r_{\frac{p-1}{2}}$ 使得 $p-1$ 个数 $\pm r_1,\pm r_2,\cdots,\pm r_{\frac{p-1}{2}}$ 组成模数 p 的一组缩系,则称 $r_1,\cdots,r_{\frac{p-1}{2}}$ 是模数 p 的一组**半系**.

我们有下面的定理.

定理2 设 $p\nmid n$,$r_1,\cdots,r_{\frac{p-1}{2}}$ 是模数 p 的一组半系,且

$$nr_i\equiv(-1)^{e_i}r_{i'}(\bmod p),\ i=1,\cdots,\frac{p-1}{2};1\leqslant i'\leqslant\frac{p-1}{2},\tag{3}$$

则

$$\left(\frac{n}{p}\right)=(-1)^{\sum\limits_{i=1}^{\frac{p-1}{2}}e_i}.$$

证 由于 $r_1,\cdots,r_{\frac{p-1}{2}}$ 是模数 p 的一组半系,所以(3)中的 $e_i(\bmod 2)$ 和 $r_{i'}$ 都是惟一决定的.现在我们来证明如果 $i\neq j$,则 $i'\neq j'$.否则,由

$$nr_i \equiv (-1)^{e_i} r_{i'} \pmod p,$$

和

$$nr_j \equiv (-1)^{e_j} r_{j'} \pmod p,$$

推出

$$nr_j \equiv \pm nr_i \pmod p,$$

即得

$$r_j \equiv \pm r_i \pmod p.$$

由于 $r_1, \cdots, r_{\frac{p-1}{2}}$ 是模数 p 的一组半系，只能有 $i=j$，与所设矛盾. 这就证明了 $r_{1'}, \cdots, r_{\left(\frac{p-1}{2}\right)'}$ 是 $r_1, \cdots, r_{\frac{p-1}{2}}$ 的某一个排列，故将(3)中的 $\frac{p-1}{2}$ 个同余式相乘，得

$$n^{\frac{p-1}{2}} r_1 \cdots r_{\frac{p-1}{2}} \equiv (-1)^{\sum_{j=1}^{\frac{p-1}{2}} e_j} r_1 \cdots r_{\frac{p-1}{2}} \pmod p.$$

由于 $p \nmid r_1 \cdots r_{\frac{p-1}{2}}$，故

$$n^{\frac{p-1}{2}} \equiv (-1)^{\sum_{j=1}^{\frac{p-1}{2}} e_j} \pmod p,$$

即得

$$\left(\frac{n}{p}\right) = (-1)^{\sum_{j=1}^{\frac{p-1}{2}} e_j}.$$ 证完

推论 设 $p \nmid n$,

$$ni \equiv (-1)^{e_i} i' \pmod p,\ i=1, \cdots, \frac{p-1}{2};\ 1 \leqslant i' \leqslant \frac{p-1}{2},$$

则

$$\left(\frac{n}{p}\right) = (-1)^t,$$

其中 t 表示 $e_1, \cdots, e_{\frac{p-1}{2}}$ 中奇数的个数.

证 因为 $\sum_{i=1}^{\frac{p-1}{2}} e_i \equiv t \pmod 2$. 证完

实际上，这个推论就是高斯引理，这是因为当 e_i 为偶数时 $\langle ni\rangle_p=i'<\frac{p}{2}$，$e_i$ 为奇数时 $\langle ni\rangle_p=p-i'>\frac{p}{2}$，故 t 就是(1)中大于 $\frac{p}{2}$ 的个数.

§4　二次互反律

利用高斯引理，高斯证明了著名的二次互反律.

定理（二次互反律）　设 $p>2,q>2$ 是两个素数，$p\neq q$，则

$$\left(\frac{p}{q}\right)\left(\frac{q}{p}\right)=(-1)^{\frac{(p-1)(q-1)}{4}}.$$

证　首先，我们利用高斯引理来计算 $\left(\frac{q}{p}\right)$.

当 $1\leqslant k\leqslant\frac{p-1}{2}$，有

$$kq=q_kp+r_k,q_k=\left[\frac{kq}{p}\right],\quad 1\leqslant r_k\leqslant p-1.$$

令

$$a=\sum_{s=1}^{l}a_s,\quad b=\sum_{t=1}^{m}b_t,$$

此处 a_s 和 b_t 的含意见 §3 中定理 1(取 $n=q$) 的证明，则得

$$a+b=\sum_{k=1}^{\frac{p-1}{2}}r_k. \tag{1}$$

由高斯引理的证明知，$a_s,p-b_t(s=1,2,\cdots,l,t=1,2,\cdots,m)$ 正好是 $1,2,\cdots,\frac{1}{2}(p-1)$ 各数，故有

$$\frac{p^2-1}{8}=1+2+\cdots+\frac{p-1}{2}=a+mp-b. \tag{2}$$

又

$$\frac{p^2-1}{8}q=\sum_{k=1}^{\frac{p-1}{2}}kq=p\sum_{k=1}^{\frac{p-1}{2}}q_k+\sum_{k=1}^{\frac{p-1}{2}}r_k=p\sum_{k=1}^{\frac{p-1}{2}}q_k+a+b. \tag{3}$$

(3) 式减去(2) 式得

$$\frac{p^2-1}{8}(q-1)=p\sum_{k=1}^{\frac{p-1}{2}}q_k-mp+2b,$$

故

$$m\equiv\sum_{k=1}^{\frac{p-1}{2}}q_k \pmod 2,$$

即得

$$\left(\frac{q}{p}\right)=(-1)^m=(-1)^{\sum_{k=1}^{\frac{p-1}{2}}q_k}=(-1)^{\sum_{k=1}^{\frac{p-1}{2}}\left[\frac{kq}{p}\right]}.$$

同理可证

$$\left(\frac{p}{q}\right)=(-1)^{\sum_{k=1}^{\frac{q-1}{2}}\left[\frac{kp}{q}\right]}.$$

剩下来,只需证明

$$\sum_{k=1}^{\frac{p-1}{2}}\left[\frac{kq}{p}\right]+\sum_{k=1}^{\frac{q-1}{2}}\left[\frac{kp}{q}\right]=\frac{p-1}{2}\cdot\frac{q-1}{2}. \tag{4}$$

设

$$f(x,y)=qx-py,$$

当 $x=1,2,\cdots,\frac{p-1}{2}$, $y=1,2,\cdots,\frac{q-1}{2}$ 时,$f(x,y)$ 取

$$\frac{p-1}{2}\cdot\frac{q-1}{2}$$

个值,且没有两个值相等,否则

$$f(x,y)-f(x',y')=0,$$

即

$$(x-x')q=(y-y')p,$$

推出

$$p\mid x-x',\quad q\mid y-y',$$

故 $x=x'$, $y=y'$. 这就证明了对于不同的有序对 (x,y),$f(x,y)$ 取

不同的值. 下面来计算其中正值的个数和负值的个数. 对于每一个固定的 x, $f(x,y)>0$ 当且仅当 $y<\frac{qx}{p}$, 即 $y\leqslant\left[\frac{qx}{p}\right]$, 因此全部正值的个数是

$$\sum_{x=1}^{\frac{p-1}{2}}\left[\frac{qx}{p}\right].$$

类似可证全部负值的个数是

$$\sum_{y=1}^{\frac{q-1}{2}}\left[\frac{py}{q}\right].$$

这就证明了(4). 证完

二次互反律可以用来决定对于给定的整数 n 和素数 p, n 是否是模数 p 的二次剩余, 也可以用来决定对于给定的整数 n, 有哪些素数 p 使 n 是模数 p 的二次剩余. 下面就来举两个例子.

例 1 设 $p=593$, $n=438$, 计算 $\left(\frac{438}{593}\right)$.

因为 $438=2\cdot3\cdot73$, 故

$$\left(\frac{438}{593}\right)=\left(\frac{2}{593}\right)\left(\frac{3}{593}\right)\left(\frac{73}{593}\right).$$

因为 $593\equiv1\pmod 8$, 再利用二次互反律和前面讲到的有关性质, 有

$$\left(\frac{438}{593}\right)=\left(\frac{593}{3}\right)\left(\frac{593}{73}\right)=\left(\frac{2}{3}\right)\left(\frac{9}{73}\right)=-1.$$

故 438 是模数 593 的二次非剩余.

例 2 决定所有的奇素数 p, 使 3 为模数 p 的二次剩余, 同时决定所有的奇素数 p, 使 3 为模数 p 的二次非剩余.

首先 $p\neq3$, 由二次互反律, 我们有

$$\left(\frac{3}{p}\right)=\left(\frac{p}{3}\right)(-1)^{\frac{p-1}{2}}.$$

当 $p=12k+1$ 形的素数时,

$$\left(\frac{3}{p}\right)=\left(\frac{1}{3}\right)(-1)^{6k}=1.$$

当 $p=12k+5$ 形的素数时，

$$\left(\frac{3}{p}\right)=\left(\frac{2}{3}\right)(-1)^{6k+2}=-1.$$

当 $p=12k+7$ 形的素数时，

$$\left(\frac{3}{p}\right)=\left(\frac{1}{3}\right)(-1)^{6k+3}=-1.$$

当 $p=12k+11$ 形的素数时，

$$\left(\frac{3}{p}\right)=\left(\frac{2}{3}\right)(-1)^{6k+5}=1.$$

故当 $p\equiv\pm1 \pmod{12}$ 时，3 为模数 p 的二次剩余；当 $p\equiv\pm5 \pmod{12}$ 时，3 为模数 p 的二次非剩余.

二次互反律是数论中一个深刻的结果，除了能够方便地计算勒让德符号外，在数论许多方面都非常有用. 这个定理是由欧拉提出，高斯首先证明的. 到目前为止，已经有了一百五十多个不同的证明. 由二次互反律引伸出来的工作，导致了代数数论的发展和类域论的形成.

§5　二次剩余理论应用举例

本节介绍二次剩余理论在整数循环序列，二元周期序列和不定方程等方面的一些应用.

定理 1　设 u_n 是一个卢卡斯序列，即

$$u_n=\frac{\alpha^n-\beta^n}{\alpha-\beta},\quad n=0,1,\cdots \tag{1}$$

其中 α、β 为以下整系数二次方程的两个根：

$$x^2-Px+Q=0,(P,Q)=1. \tag{2}$$

再设 q 是一个奇素数，$q\nmid Q$，$D=P^2-4Q$，则

$$q\mid u_{q-\left(\frac{D}{q}\right)}, \tag{3}$$

(3)中 $\left(\frac{D}{q}\right)$ 是勒让德符号.

证 由(2),可设

$$\alpha=\frac{P+\sqrt{D}}{2},\quad \beta=\frac{P-\sqrt{D}}{2},$$

故

$$u_q=\frac{\alpha^q-\beta^q}{\alpha-\beta}=\frac{qP^{q-1}+\binom{q}{3}P^{q-3}D+\cdots+P^2\binom{q}{q-2}D^{\frac{q-3}{2}}+D^{\frac{q-1}{2}}}{2^{q-1}},$$

即得

$$2^{q-1}u_q=qP^{q-1}+\binom{q}{3}P^{q-3}D+\cdots+P^2\binom{q}{q-2}D^{\frac{q-3}{2}}+D^{\frac{q-1}{2}}.$$

如果 $q|D$,则有 $q|u_q$,定理成立.如果 $q\nmid D$,因为 q 是奇素数,故有

$$u_q\equiv D^{\frac{q-1}{2}}\equiv\left(\frac{D}{q}\right)=\pm1 \pmod q. \tag{4}$$

而

$$2^q u_{q+1}=(q+1)P^q+\binom{q+1}{3}P^{q-2}D+\cdots$$

$$+\binom{q+1}{q-2}P^3D^{\frac{q-3}{2}}+\binom{q+1}{q}PD^{\frac{q-1}{2}},$$

由于 $q\left|\binom{q+1}{t}\right.$ $(3\leqslant t\leqslant q-2)$,故

$$2u_{q+1}\equiv P\left(1+\left(\frac{D}{q}\right)\right) \pmod q. \tag{5}$$

如果 $\left(\frac{D}{q}\right)=-1$,由(5)得 $q|u_{q+1}$;如果 $\left(\frac{D}{q}\right)=1$,由(5)可得

$$u_{q+1}\equiv P \pmod q \tag{6}$$

利用第三章§8的定理1,

$$u_{q+1}=Pu_q-Qu_{q-1}, \tag{7}$$

由(4)、(6)、(7)可得

$$Qu_{q-1}\equiv0 \pmod q.$$

由于 $q\nmid Q$,故得 $q|u_{q-1}$.综上所述,我们证明了(3)式. 证完

这个定理使我们得到某些大数的一个素因子.

取 $P=4, Q=1$，利用卢卡斯序列(参见第3章§8节)：

$$v_0=2,\quad v_1=4,\quad v_{n+2}=4v_{n+1}-v_n,\quad n=0,1,2,\cdots.$$

1930年，莱梅给出了判别麦什涅数 2^q-1 是否素数的一个有效方法：设 q 是一个奇素数，定义序列

$$L_0=4,\quad L_{n+1}=\langle L_n^2-2\rangle_{2^q-1},$$

则 2^q-1 是素数当且仅当

$$L_{q-2}=0.$$

定理2　不定方程

$$y^2=x^3+3b^2-a^3, \tag{8}$$

当 $a\equiv1 \pmod 4$，$b\equiv\pm2 \pmod 6$，且 b 没有 $12k\pm5$ 形的素因子时，无整数解.

证　当 $x\equiv0 \pmod 2$ 时，(8)式取模数4，得 $y^2\equiv3 \pmod 4$，这是不可能的. 当 $x\equiv3 \pmod 4$ 时，(8)式取模数4，得 $y^2\equiv2 \pmod 4$，仍不可能. 故可设 $x\equiv1 \pmod 4$，再对(8)取模数3可得

$$x-a\equiv y^2 \pmod 3,$$

因此 $x\equiv a, a+1 \pmod 3$. 当 $x\equiv a \pmod 3$ 时，有 $x^3\equiv a^3 \pmod 9$，由(8)给出 $y^2\equiv3 \pmod 9$，这是不可能的. 当 $x\equiv a+1 \pmod 3$ 时，有

$$x^2+ax+a^2\equiv1 \pmod 3,$$

和

$$x^2+ax+a^2\equiv3 \pmod 4.$$

故

$$x^2+ax+a^2\equiv7 \pmod{12}.$$

于是，x^2+ax+a^2 的素因子不能是3，也不能都是 $12t\pm1$ 形的数，故存在素数 $p\mid x^2+ax+a^2$，$p\equiv\pm5 \pmod{12}$，由(8)得

$$y^2\equiv3b^2 \pmod p. \tag{9}$$

而 $p\nmid b$，$\left(\dfrac{3b^2}{p}\right)=\left(\dfrac{3}{p}\right)=-1$，与(9)式矛盾.　证完

最后，我们介绍二次剩余理论在二元周期序列中的一点应用.在数字通信系统中，广泛采用取值为± 1的周期序列.

定义　二元序列

$$a_0,a_1,a_2,\cdots,a_h,\cdots,a_h=1 \text{ 或 } -1(h=0,1,2,\cdots) \tag{10}$$

叫做**周期序列**，是指存在正整数t，使

$$a_{n+t}=a_n,\quad n=0,1,2,\cdots,$$

满足以上条件的最小正整数t，叫做序列(10)的**周期**.

显然，如果有正整数l，使$a_{n+l}=a_n$，$n=0,1,2,\cdots$，则$t\mid l$.

设序列(10)的周期为t，

$$c(l)=\frac{1}{t}\sum_{k=0}^{t-1}a_ka_{k+l},\quad 0\leqslant l\leqslant t-1,$$

$c(0)=1$叫做序列(10)的**自相关主值**，$c(l)(1\leqslant l\leqslant t-1)$叫做序列(10)的**自相关非主值**.

定义　设

$$c=\max_{1\leqslant l\leqslant t-1}|c(l)|,$$

如果c很小，则序列(10)叫做**自相关良好的序列**.

自相关良好的取值± 1的序列，在数字通信中有用.

定理 3　设p是奇素数，定义(10)中

$$a_n=\begin{cases}\left(\dfrac{n}{p}\right), & \text{若 } p\nmid n,\\ 1, & \text{若 } p\mid n.\end{cases}$$

则有

$$c\leqslant\frac{3}{p}.$$

证　因为$a_{h+p}=a_h$，$h=0,1,\cdots$，故其周期为p.否则，周期$t=1$，推出$a_0=a_1=a_2=\cdots$，这是不可能的.当$1\leqslant l\leqslant p-1$时，

$$c(l)=\frac{1}{p}\sum_{k=0}^{p-1}a_ka_{k+l}=\frac{1}{p}\Big(a_0a_l+a_{p-1}a_p+\sum_{\substack{k=1\\k\neq p-t}}^{p-1}a_ka_{k+l}\Big)$$

$$= \frac{1}{p}\left(\left(\frac{l}{p}\right) + \left(\frac{-l}{p}\right) + \sum_{\substack{k=1 \\ k\neq p-l}}^{p-1}\left(\frac{k}{p}\right)\left(\frac{k+l}{p}\right)\right)$$

$$= \frac{1}{p}\left(\left(\frac{l}{p}\right) + \left(\frac{-l}{p}\right) + \sum_{k=1}^{p-1}\left(\frac{k(k+l)}{p}\right)\right).$$

因为$(l,p)=1$时，$\sum_{k=1}^{p-1}\left(\frac{k(k+l)}{p}\right) = -1$（见本章习题），故

$$c(l)=\frac{1}{p}\left(\left(\frac{l}{p}\right)+\left(\frac{-l}{p}\right)-1\right)$$

$$=\begin{cases} -\frac{1}{p}, 若\ p\equiv 3 \pmod 4) \\ \frac{1}{p}, \quad 若\ p\equiv 1 \pmod 4), \left(\frac{l}{p}\right)=1, \\ \frac{-3}{p}, \ 若\ p\equiv 1 \pmod 4), \left(\frac{l}{p}\right)=-1, \end{cases}$$

$$c=\max_{1\leqslant l\leqslant p-1} |c(l)| \leqslant \frac{3}{p}.$$

证完

定理 3 给出的序列也叫做**二次剩余序列**，当 p 较大时，它自然是一个自相关良好的序列.

§6 二次同余式的解法和解数

对于二次同余式

$$x^2 \equiv n \pmod p, \quad p\ 是奇素数, p \nmid n. \tag{1}$$

如果勒让德符号$\left(\frac{n}{p}\right)=-1$，则无解；如果$\left(\frac{n}{p}\right)=1$，则(1)有解. 当 p 不太大时，可将 $x=1,2,\cdots,\frac{p-1}{2}$ 直接代入(1)中求解. 但是当 p 大时，求出(1)的解却不是一件容易的事.

我们有以下的定理.

定理 1 设$\left(\frac{n}{p}\right)=1$，则有

① 当 $p\equiv3\pmod 4$时，$\pm n^{\frac{1}{4}(p+1)}$为(1)的解；

② 当 $p\equiv5\pmod 8$，$n^{\frac{1}{4}(p-1)}\equiv1\pmod p$时，$\pm n^{\frac{1}{8}(p+3)}$为(1)的解；当 $p\equiv5\pmod 8$，$n^{\frac{1}{4}(p-1)}\equiv-1\pmod p$时，$\pm\left(\frac{p-1}{2}\right)!\cdot n^{\frac{1}{8}(p+3)}$为(1)的解.

证 ①当 $p\equiv3\pmod 4$时，因$\left(\frac{n}{p}\right)=1$，故

$$n^{\frac{1}{2}(p-1)}\equiv1\pmod p,$$

即得

$$\left(n^{\frac{p+1}{4}}\right)^2\equiv n\pmod p.$$

②当 $p\equiv5\pmod 8$时，先求 $n=-1$ 的解. 由威尔逊定理，

$$-1\equiv(p-1)!=1\cdot2\cdots\left(\frac{p-1}{2}\right)\cdot\left(p-\frac{p-1}{2}\right)\cdots(p-2)(p-1)$$

$$\equiv\left(\left(\frac{p-1}{2}\right)!\right)^2\pmod p.$$

因为$\left(\frac{n}{p}\right)=1$，故

$$n^{\frac{1}{2}(p-1)}-1\equiv0\pmod p.$$

n 适合

$$n^{\frac{1}{4}(p-1)}\equiv1\pmod p,$$

或

$$n^{\frac{1}{4}(p-1)}\equiv-1\pmod p$$

时，分别给出

$$\left(n^{\frac{p+3}{8}}\right)^2\equiv n\pmod p,$$

和

$$\left(\left(\frac{p-1}{2}\right)!\ n^{\frac{p+3}{8}}\right)^2\equiv n\pmod p.$$

证完

定理 2 设 $p\equiv1\pmod 8$，$\left(\frac{n}{p}\right)=1$，$\left(\frac{N}{p}\right)=-1$，则同余式(1)

有解

$$\pm n^{\frac{h+1}{2}}N^{s_k},$$

其中 h 满足 $p=2^kh+1, 2\nmid h, s_k\geqslant 0$ 是某个整数.

证 由 $p\equiv 1 \pmod 8$，可设 $p=2^kh+1, k\geqslant 3, 2\nmid h$.

由 $\left(\frac{n}{p}\right)=1, \left(\frac{N}{p}\right)=-1$，我们得出

$$n^{2^{k-1}h}\equiv 1 \pmod p,$$

$$N^{2^{k-1}h}\equiv -1 \pmod p.$$

因此下面的两个同余式有且只有一个成立

$$n^{2^{k-2}h}\equiv 1 \pmod p,$$

$$n^{2^{k-2}h}\equiv -1 \pmod p.$$

故有非负整数 $s_2=hf(f=0$ 或 $1)$使

$$n^{2^{k-2}h}\cdot N^{2^{k-1}s_2}\equiv 1 \pmod p$$

成立.

于是下面两个同余式有且只有一个成立

$$n^{2^{k-3}h}N^{2^{k-2}s_2}\equiv 1 \pmod p,$$

$$n^{2^{k-3}h}N^{2^{k-2}s_2}\equiv -1 \pmod p,$$

故又有非负的 $s_3=s_2+2hf_1(f_1=0$ 或 $1)$满足下式

$$n^{2^{k-3}h}N^{2^{k-2}s_3}\equiv 1 \pmod p.$$

因为 k 是有限整数，故必有一非负的 s_k 使得

$$n^h\cdot N^{2s_k}\equiv 1 \pmod p,$$

故

$$n^{h+1}N^{2s_k}\equiv n \pmod p,$$

即

$$\left(n^{\frac{h+1}{2}}N^{s_k}\right)^2\equiv n \pmod p.$$ 证完

对于二次同余式的解数，我们有以下定理.

定理 3 设 p 是素数，$p\nmid n$，二次同余式

$$x^2 \equiv n \pmod{p^l},\ l>0, \tag{2}$$

在 $p>2$ 时，有 $1+\left(\dfrac{n}{p}\right)$ 个解. 在 $p=2$ 时，有下面三种情形：

① $l=1$，则有一个解；

② $l=2$，当 $n\equiv 1 \pmod 4$ 或 $n\equiv 3 \pmod 4$，有二个解或无解；

③ $l>2$，当 $n\equiv 1 \pmod 8$ 或 $n\not\equiv 1 \pmod 8$，有四个解或无解.

证 在 $p>2$，$p\nmid n$ 时，因为 $x^2\equiv n \pmod p$ 与 $x\equiv 0 \pmod p$ 无公解，由第二章 §7 定理的推论，得此结论.

在 $p=2$ 时：

① $l=1$，显然只有一个解；

② $l=2$，$x^2\equiv 1 \pmod 4$ 时有二个解 $x=\pm 1$；$x^2\equiv 3 \pmod 4$ 时无解，故结论成立；

③ $l>2$ 时，若 $n\not\equiv 1 \pmod 8$，则(2)无解，否则(2)的解 x 必为奇，由(2)给出 $n\equiv 1 \pmod 8$，与所设矛盾. 若 $n\equiv 1 \pmod 8$，在 $l=3$时，显然有四个解：1，3，5，7. 当 $l>3$ 时，我们用归纳法来证明 $n\equiv 1 \pmod 8$ 时(2)有解：设 a 满足 $a^2\equiv n \pmod{2^{l-1}}$，显然 $2\nmid a$，则

$$(a+2^{l-2}b)^2=a^2+ab2^{l-1}+2^{2(l-2)}b^2\equiv a^2+b2^{l-1} \pmod{2^l}.$$

取 $b=\dfrac{n-a^2}{2^{l-1}}$，由上式知 $a+2^{l-2}b$ 满足 $x^2\equiv n \pmod{2^l}$. 现设 x_1 为 $x^2\equiv n \pmod{2^l}$ 的一个解，则 $\pm x_1$，$\pm x_1+2^{l-1}$ 是它的四个解. 现设 x_2 是 $x^2\equiv n \pmod{2^l}$ 的任一解，则

$$(x_2-x_1)(x_2+x_1)\equiv 0 \pmod{2^l},$$

因 x_2-x_1，x_2+x_1 皆为偶数，故上式给出

$$\frac{x_2-x_1}{2}\cdot\frac{x_2+x_1}{2}\equiv 0 \pmod{2^{l-2}}. \tag{3}$$

又因 x_2 为奇，故 $\dfrac{x_2-x_1}{2}$，$\dfrac{x_2+x_1}{2}$ 一奇一偶，(3)式给出

$$\frac{x_2-x_1}{2}\equiv 0 \pmod{2^{l-2}}$$

或

$$\frac{x_2+x_1}{2}\equiv 0 \pmod{2^{l-2}},$$

故 $x_2=x_1+k2^{l-1}$ 或 $x_2=-x_1+k2^{l-1}$. 无论哪一种情形，x_2 与 $\pm x_1$，$\pm x_1+2^{l-1}$ 之一模 2^l 同余. 这就证明了 $l\geqslant 3$ 时，$x^2\equiv n \pmod{2^l}$ 有四个解.

§7 雅可比符号

计算勒让德符号 $\left(\frac{n}{p}\right)$，需要把 n 分解成标准分解式，这常常是很麻烦的，这也是运用勒让德符号进行计算时的缺点，避开这个缺点的一个方法就是引进雅可比(Jacobi)符号.

定义 设 m 是一个正奇数，$m=p_1p_2\cdots p_t$，$p_i(i=1,\cdots,t)$ 是素数，$(m,n)=1$，则

$$\left(\frac{n}{m}\right)=\prod_{i=1}^{t}\left(\frac{n}{p_i}\right)$$

叫做**雅可比符号**.

例如，$\left(\frac{1}{m}\right)=1$；如 $(a,m)=1$，则 $\left(\frac{a^2}{m}\right)=1$.

它的计算法则，容易由勒让德符号的性质推出. 下面的定理 1 是显然的.

定理 1 设 m,m_1 为正奇数.

①若 $n\equiv n_1 \pmod m$ 和 $(n,m)=1$，则

$$\left(\frac{n}{m}\right)=\left(\frac{n_1}{m}\right);$$

②若 $(n,m)=(n,m_1)=1$，则

$$\left(\frac{n}{m}\right)\left(\frac{n}{m_1}\right)=\left(\frac{n}{mm_1}\right);$$

③若 $(n,m)=(n_1,m)=1$，则

$$\left(\frac{n}{m}\right)\left(\frac{n_1}{m}\right)=\left(\frac{nn_1}{m}\right).$$

定理 2 $\left(\frac{-1}{m}\right)=(-1)^{\frac{m-1}{2}}$.

证 因为

$$m=\prod_{i=1}^{t}p_i=\prod_{i=1}^{t}(1+p_i-1)=1+\sum_{i=1}^{t}(p_i-1)$$
$$+\sum_{1\leqslant i<j\leqslant t}(p_i-1)(p_j-1)+\cdots,$$

故由上式可得 $m\equiv 1+\sum_{i=1}^{t}(p_i-1)\pmod 4$,即

$$\frac{m-1}{2}\equiv\sum_{i=1}^{t}\frac{p_i-1}{2}\pmod 2.$$

于是

$$\left(\frac{-1}{m}\right)=\prod_{i=1}^{t}\left(\frac{-1}{p_i}\right)=(-1)^{\sum_{i=1}^{t}\frac{p_i-1}{2}}=(-1)^{\frac{m-1}{2}}.$$ 证完

定理 3 $\left(\frac{2}{m}\right)=(-1)^{\frac{1}{8}(m^2-1)}$.

证 因为

$$m^2=\prod_{i=1}^{t}(1+p_i^2-1)=1+\sum_{i=1}^{t}(p_i^2-1)$$
$$+\sum_{1\leqslant i<j\leqslant t}(p_i^2-1)(p_j^2-1)+\cdots,$$

而 $p_i^2\equiv 1\pmod 8\ (i=1,\cdots,t)$,故得

$$m^2-1\equiv\sum_{i=1}^{t}(p_i^2-1)\pmod{64},$$

即

$$\frac{m^2-1}{8}\equiv\sum_{i=1}^{t}\frac{p_i^2-1}{8}\pmod 2.$$

于是

$$\left(\frac{2}{m}\right)=\prod_{i=1}^{t}\left(\frac{2}{p_i}\right)=(-1)^{\sum_{j=1}^{t}\frac{p_i^2-1}{8}}=(-1)^{\frac{m^2-1}{8}}.$$ 证完

定理 4 若 m 与 n 是二个正奇数,且 $(m,n)=1$,则

$$\left(\frac{m}{n}\right)\left(\frac{n}{m}\right)=(-1)^{\frac{m-1}{2}\cdot\frac{n-1}{2}}.$$

证 设 $m=\prod_{i=1}^{t}p_i, n=\prod_{j=1}^{s}q_j, p_1,\cdots,p_t,q_1,\cdots,q_s$ 均为素数，则

$$\left(\frac{m}{n}\right)\left(\frac{n}{m}\right)=\prod_{i=1}^{t}\prod_{j=1}^{s}\left(\frac{p_i}{q_j}\right)\left(\frac{q_j}{p_i}\right)=(-1)^f,$$

$$\begin{aligned}f&=\sum_{i=1}^{t}\sum_{j=1}^{s}\frac{1}{2}(p_i-1)\frac{1}{2}(q_j-1)\\&=\sum_{i=1}^{t}\frac{1}{2}(p_i-1)\sum_{j=1}^{s}\frac{1}{2}(q_j-1).\end{aligned}$$

在定理 2 中已证 $\sum_{i=1}^{t}\frac{1}{2}(p_i-1)\equiv\frac{1}{2}(m-1)\pmod 2$，故

$$f\equiv\frac{1}{2}(m-1)\cdot\frac{1}{2}(n-1)\pmod 2,$$

得

$$\left(\frac{m}{n}\right)\left(\frac{n}{m}\right)=(-1)^{\frac{m-1}{2}\cdot\frac{n-1}{2}}.$$ 证完

从以上几个定理可以看出，雅可比符号具有勒让德符号一样的计算法则，当 n 是正奇数时，不需要把 n 分解成素因数的乘积，所以计算起来更方便. 在 $t=1$ 时，$\left(\frac{n}{m}\right)$ 的值与勒让德符号 $\left(\frac{n}{m}\right)$ 的值相等. 在 $t>1$ 时，如果 $\left(\frac{n}{m}\right)=-1$，则 $x^2\equiv n\pmod m$ 无解. 但当 $\left(\frac{n}{m}\right)=1$ 时，$x^2\equiv n\pmod m$ 不一定有解. 例如 $\left(\frac{2}{9}\right)=1$，而同余式 $x^2\equiv 2\pmod 9$ 无解.

§8 表素数为平方和

不是所有素数都能表成二个整数的平方和，例如由于 x^2+y^2

$\equiv 0,1,2 \pmod 4$，故 $p\equiv 3 \pmod 4$ 时，p 不能表为平方和. 在本节中，我们将证明 $p\equiv 1 \pmod 4$ 时，p 可表成平方和.

定义 设整数 n 能表成二个平方和

$$n=x^2+y^2,$$

如果 $(x,y)=1$，则称 n **能本原的表成二个平方和**. 如果由 $n=x^2+y^2(x\geqslant 0,y\geqslant 0)$，$n=a^2+b^2(a\geqslant 0,b\geqslant 0)$，推出 $a=x,b=y$ 或 $a=y,b=x$，则称表法惟一.

定理 1 设 p 是 m 的一个奇素因子，p 能表成二个平方和，m 能本原的表成二个平方和，则 $\frac{m}{p}$ 也能本原的表成二个平方和.

证 设

$$m=x^2+y^2,(x,y)=1,$$
$$p=a^2+b^2,$$

故有

$$(ax-by)(ax+by)=a^2x^2-b^2y^2=a^2(x^2+y^2)-y^2(a^2+b^2)$$
$$\equiv 0 \pmod p,$$

因此 $p\mid ax-by$ 或 $p\mid ax+by$. 设 $p\mid ax-by$，因为

$$mp=(ax-by)^2+(ay+bx)^2, \tag{1}$$

故 $p\mid ay+bx$. 设 $(ax-by,ay+bx)=pg$，则有

$$pg\mid a(ax-by)+b(ay+bx)=xp,$$
$$pg\mid a(ay+bx)-b(ax-by)=yp,$$

因为 $(x,y)=1$，故 $g=1$. 由(1)得

$$\frac{m}{p}=\left(\frac{ax-by}{p}\right)^2+\left(\frac{ay+bx}{p}\right)^2,$$

故 $\frac{m}{p}$ 能本原的表成二个平方的和. $p\mid ax+by$ 时，可类似地证明.

证完

定理 2 n^2+1 的每一个素因子都能表成二个平方的和.

证 $n=1$ 时，$2=1^2+1^2$，定理成立. 现设定理对 $n\leqslant m-1$ $(m\geqslant 2)$ 成立，即

$$1^2+1,2^2+1,3^2+1,\cdots,(m-1)^2+1$$

的每一个素因子都能表成二个平方的和. 现在,我们来证明定理对 $n=m$ 时成立. 如果 $p\mid m^2+1$,且 $p<m$,则 $p\mid(m-p)^2+1$,故由归纳假设 p 能表成二个平方的和. 如果 $p\mid m^2+1$,且 $p>m$,设

$$m^2+1=fp,f<m,f=q_1\cdots q_k,q_i\text{ 是素数},i=1,\cdots,k,\text{则 }q_i<m.$$

由归纳假设,$q_i(i=1,\cdots,k)$能表成二个平方的和. 再由定理 1 知 $\frac{m^2+1}{q_1}$能本原的表成二个平方的和,继续消去 $q_2,\cdots,q_k$,最后可知 $\frac{m^2+1}{f}=p$ 可表成二个平方的和. 证完

由定理 2 不难推出定理 3.

定理 3 每一个形如 $4k+1$ 的素数能表成二个平方的和,且表法惟一.

证 $p\equiv1(\bmod 4)$,由 $-1\equiv\left(\left(\frac{p-1}{2}\right)!\right)^2(\bmod p)$和定理 2 知 p 能表成二个平方的和. 现在来证明表法惟一. 设

$$p=x^2+y^2,x>0,y>0,$$

$$p=a^2+b^2,a>0,b>0,$$

由定理 1 的证明知 $p\mid ax-by$,或 $p\mid ax+by$. 又有

$$p^2=(ax-by)^2+(ay+bx)^2.$$

如果 $p\mid ax-by$,由于 $ay+bx\neq0$,上式给出 $ax-by=0$,因为$(a,b)=(x,y)=1$,故有 $a=y,b=x$;如果 $p\mid ax+by$,由

$$p^2=(ax+by)^2+(ay-bx)^2,$$

故 $ay-bx=0$,推出 $a=x,b=y$. 故表法惟一. 证完

设 $p\equiv1(\bmod 4),(k,p)=1,s(k)=\sum_{x=0}^{p-1}\left(\frac{x(x^2+k)}{p}\right)$,则有

$$p=\left(\frac{1}{2}s(r)\right)^2+\left(\frac{1}{2}s(u)\right)^2,$$

其中$\left(\frac{r}{p}\right)=1,\left(\frac{u}{p}\right)=-1$.

这个结果的证明，这里不准备给出了．可参看华罗庚的《数论导引》第七章§8的定理6．

最后，用抽屉原理给出定理3的另一个证明．

定理3的另一证明：

因为$\left(\frac{-1}{p}\right)=1$，故有整数$s$存在，使

$$s^2+1\equiv 0 \pmod p,\ (s,p)=1. \tag{2}$$

考虑$sy-x$，$y=0,1,\cdots,[\sqrt{p}]$，$x=0,1,\cdots,[\sqrt{p}]$，共有$([\sqrt{p}]+1)^2$个$sy-x$的值产生，而$([\sqrt{p}]+1)^2>p$，由抽屉原理，存在两组y_1,x_1,y_2,x_2，使

$$sy_1-x_1\equiv sy_2-x_2 \pmod p.$$

由$(s,p)=1$，易知$x_1\neq x_2$，$y_1\neq y_2$．不妨设$y_1>y_2$．令$y=y_1-y_2$，$x=\pm(x_1-x_2)>0$，故有

$$sy\equiv \pm x \pmod p, \tag{3}$$

这里$0<y<\sqrt{p}$，$0<x<\sqrt{p}$．

因为$(y,p)=1$，故有整数y^{-1}满足$yy^{-1}\equiv 1 \pmod p$，(3)给出$s\equiv \pm xy^{-1} \pmod p$，于是，(2)给出$x^2(y^{-1})^2+1\equiv 0 \pmod p$，故$x^2+y^2\equiv 0 \pmod p$．而$0<x^2+y^2<2p$，便有$x^2+y^2=p$．表法惟一同前一证法．　　证完

类似的方法可以证明拉格朗日的一个定理：每一个正整数都能表成四个整数的平方和．下一节，我们就来证明这个定理．

§9　表正整数为平方和

为了证明每一个正整数能表成四个整数的平方和，需要以下的恒等式．

$$(b_1^2+b_2^2+b_3^2+b_4^2)(x_1^2+x_2^2+x_3^2+x_4^2)=y_1^2+y_2^2+y_3^2+y_4^2, \tag{1}$$

此处

$$y_1=b_1x_1+b_2x_2+b_3x_3+b_4x_4,$$

$$y_2=b_1x_2-b_2x_1+b_3x_4-b_4x_3,$$
$$y_3=b_1x_3-b_3x_1+b_4x_2-b_2x_4,$$
$$y_4=b_1x_4-b_4x_1+b_2x_3-b_3x_2.$$

恒等式(1)可以直接验证,也可以用下面的方法推出.

显然,有恒等式

$$(aa'+bb')(cc'+dd')=(ac+bd)(a'c'+b'd')+(ad'-bc')(a'd-b'c). \qquad (2)$$

令 $a=b_1+\mathrm{i}b_2,b=b_3+\mathrm{i}b_4,c=x_1-\mathrm{i}x_2,d=x_3-\mathrm{i}x_4,$

$a'=b_1-\mathrm{i}b_2,b'=b_3-\mathrm{i}b_4,c'=x_1+\mathrm{i}x_2,d'=x_3+\mathrm{i}x_4,$

代入(2)式,即可得出(1)式.

定理 每一个正整数都能表成四个整数的平方和.

证 由于 $1=1^2+0^2+0^2+0^2,2=1^2+1^2+0^2+0^2$ 以及恒等式(1)只需证明每一个奇素数都能表成四个整数的平方和.

先来证明,如果 p 是一个奇素数,则有整数 x,y,m 存在使得

$$1+x^2+y^2=mp,0<m<p.$$

$\frac{1}{2}(p+1)$ 个整数 $x^2\left(0\leqslant x\leqslant\frac{1}{2}(p-1)\right)$ 模数 p 不同余,$\frac{1}{2}(p+1)$个整数$-1-y^2\left(0\leqslant y\leqslant\frac{1}{2}(p-1)\right)$模数 p 也不同余,这两组数共有 $p+1$ 个,而模数 p 只有 p 个剩余,故在这两组中,必然存在着两个彼此模数 p 同余的 x^2 和$-1-y^2$,这就得出了

$$x^2\equiv-1-y^2\pmod p,$$

或

$$1+x^2+y^2=mp,$$

又因 $0<1+x^2+y^2<1+2\left(\frac{1}{2}p\right)^2<p^2$,故有 $0<m<p$.

以上证明了 p 有一正的倍数能表成四个整数的平方和.因此,p 有一个最小的正倍数能表成四个整数的平方和,记为

$$m_0p=x_1^2+x_2^2+x_3^2+x_4^2,0<m_0<p. \qquad (3)$$

现在来证明 $m_0=1$.否则,可设 $1<m_0<p$.先证明,m_0 是奇数.假

定 m_0 是偶数，则 $x_1+x_2+x_3+x_4$ 是偶数，因此或者①x_1,x_2,x_3,x_4 都是偶数，或者②它们全是奇数，或者③它们当中有两个奇数和两个偶数，可设 x_1,x_2 是偶数，x_3,x_4 是奇数. 无论哪一种情形，都给出

$$x_1+x_2,\quad x_1-x_2,\quad x_3+x_4,\quad x_3-x_4$$

全为偶数. 因此，由(3)可得

$$\frac{1}{2}m_0p=\left(\frac{x_1+x_2}{2}\right)^2+\left(\frac{x_1-x_2}{2}\right)^2+\left(\frac{x_3+x_4}{2}\right)^2+\left(\frac{x_3-x_4}{2}\right)^2,$$

即 $\frac{1}{2}m_0p$ 能表成四个整数的平方和，这与 m_0 的定义矛盾，故 m_0 是奇数.

由于 m_0 是奇数，故 $m_0\geqslant 3$. x_1,x_2,x_3,x_4 不能全被 m_0 所除尽，因为，否则由(3)将有 $m_0^2|m_0p$，这与 $1<m_0<p$ 矛盾. 于是，由第一章§2中的结果知，可选择整数 q_1,q_2,q_3,q_4 使得

$$x_i=q_im_0+y_i\quad(i=1,2,3,4)\tag{4}$$

满足

$$|y_i|<\frac{1}{2}m_0\quad(i=1,2,3,4),$$

和

$$y_1^2+y_2^2+y_3^2+y_4^2>0,$$

故有

$$0<y_1^2+y_2^2+y_3^2+y_4^2<4\left(\frac{1}{2}m_0\right)^2=m_0^2.$$

再由(3)和(4)得

$$y_1^2+y_2^2+y_3^2+y_4^2\equiv x_1^2+x_2^2+x_3^2+x_4^2\equiv 0(\bmod m_0),$$

即

$$y_1^2+y_2^2+y_3^2+y_4^2=m_0m_1,0<m_1<m_0.\tag{5}$$

由恒等式(1)及(3)、(5)两式即知有四个整数 z_1,z_2,z_3,z_4 使得

$$m_0^2m_1p=z_1^2+z_2^2+z_3^2+z_4^2,\tag{6}$$

且由恒等式(1)及(3)、(4)两式得

$$z_1=\sum_{i=1}^{4}x_iy_i\equiv\sum_{i=1}^{4}x_i^2\equiv 0(\mathrm{mod}\ m_0),$$
$$z_2=x_1y_2-x_2y_1+x_3y_4-x_4y_3\equiv 0(\mathrm{mod}\ m_0),$$
$$z_3=x_1y_3-x_3y_1+x_4y_2-x_2y_4\equiv 0(\mathrm{mod}\ m_0),$$
$$z_4=x_1y_4-x_4y_1+x_2y_3-x_3y_2\equiv 0(\mathrm{mod}\ m_0),$$

故可写 $z_i=m_0t_i(i=1,2,3,4)$,代入(6)式即得

$$m_1p=t_1^2+t_2^2+t_3^2+t_4^2,$$

这与 m_0 的定义矛盾.这就证明了 $m_0=1$. 证完

第四章 习 题

1. 分别求出模 23 和 37 的二次剩余和二次非剩余.

2. 用§1 的定理 2 指出下列同余式解的个数:

① $x^2\equiv 3(\mathrm{mod}\ 31)$;

② $x^2\equiv 2(\mathrm{mod}\ 31)$;

③ $x^2\equiv 6(\mathrm{mod}\ 31)$.

3. 用高斯引理计算 $\left(\frac{7}{19}\right)$,$\left(\frac{11}{23}\right)$ 的值.

4. 求出以 -2 为模数 p 二次剩余的素数 p 的一般表达式和以 -2 为模数 p 二次非剩余的素数 p 的一般表达式.

5. 在上题中把 -2 换成 -3.

6. 证明:如果 $p\equiv\pm 1(\mathrm{mod}\ 10)$,则 $\left(\frac{5}{p}\right)=1$;如果 $p\equiv\pm 3(\mathrm{mod}\ 10)$,则 $\left(\frac{5}{p}\right)=-1$,其中 p 是一个奇素数.

7. 证明:如果素数 $p=4n+1$,且 $d\mid n$,则 $\left(\frac{d}{p}\right)=1$.

8. 证明:若 $n>0$,$4n+3$ 和 $8n+7$ 皆为素数,则麦什涅数 M_{4n+3} 是合数,且 $8n+7\mid M_{4n+3}$.

9. 解下列同余式:

① $x^2\equiv 3(\mathrm{mod}\ 37)$;

② $x^2\equiv 23(\mathrm{mod}\ 101)$;

③ $x^2\equiv 5 \pmod{41}$；

④ $x^2\equiv 2 \pmod{311}$；

⑤ $x^2\equiv 2 \pmod{17}$；

⑥ $x^2\equiv 89 \pmod{256}$；

⑦ $x^2=24 \pmod{25}$；

⑧ $x^2\equiv 19 \pmod{90}$；

⑨ $8x^2+15x-6\equiv 0 \pmod{56}$；

⑩ $x^2+x+4\equiv 0 \pmod{32}$.

10. 设 $f(x)$是一个整值多项式(即当 x 取整数时，$f(x)$取整值). 证明：

① 当$(a,p)=1$时，

$$\sum_{x \bmod p}\left(\frac{f(ax+b)}{p}\right)=\sum_{x \bmod p}\left(\frac{f(x)}{p}\right),$$

$$\sum_{x \bmod p}\left(\frac{ax+b}{p}\right)=0,$$

其中 $x\bmod p$ 表示 x 过模数 p 的完全剩余系.

② $$\sum_{x=1}^{p-1}\left(\frac{f(x)}{p}\right)=\sum_{x=1}^{p-1}\left(\frac{ax+b}{p}\right)=-\left(\frac{a}{p}\right),$$

其中 $f(x)=x(ax+b),(a,p)=(b,p)=1$.

11. 设 $\alpha=1$ 或 -1，$\beta=1$ 或 -1，$N(\alpha,\beta)$ 表示 $1,2,\cdots,p-2$ 中使得

$$\left(\frac{x}{p}\right)=\alpha,\left(\frac{x+1}{p}\right)=\beta$$

的整数 x 的个数. 证明

$$4N(\alpha,\beta)=\sum_{x=1}^{p-2}\left(1+\alpha\left(\frac{x}{p}\right)\right)\left(1+\beta\left(\frac{x+1}{p}\right)\right),$$

且用 10 题的结论推出

$$4N(\alpha,\beta)=p-2-\beta-\alpha\beta-\alpha\left(\frac{-1}{p}\right).$$

特别地，给出

$$N(1,1)=\frac{p-4-\left(\frac{-1}{p}\right)}{4},$$

$$N(-1,-1)=N(-1,1)=\frac{p-2+\left(\frac{-1}{p}\right)}{4},$$

$$N(1,-1)=1+N(1,1).$$

12. 用 11 题的结论,证明对任一个素数 p,存在整数 x 和 y 使得

$$x^2+y^2+1\equiv 0(\bmod p)$$

成立.

13. 设 p 是一个奇素数,证明各等式:

① 如果 $p\equiv 1(\bmod 4)$,则 $\sum_{r=1}^{p-1} r\left(\frac{r}{p}\right)=0$;

② 如果 $p\equiv 1(\bmod 4)$,则 $\sum_{\substack{r=1\\ \left(\frac{r}{p}\right)=1}}^{p-1} r=\frac{p(p-1)}{4}$;

③ 如果 $p\equiv 3(\bmod 4)$,则

$$\sum_{r=1}^{p-1} r^2\left(\frac{r}{p}\right)=p\sum_{r=1}^{p-1} r\left(\frac{r}{p}\right);$$

④ 如果 $p\equiv 1(\bmod 4)$,则

$$\sum_{r=1}^{p-1} r^3\left(\frac{r}{p}\right)=\frac{3}{2}p\sum_{r=1}^{p-1} r^2\left(\frac{r}{p}\right);$$

⑤ 如果 $p\equiv 3(\bmod 4)$,则

$$\sum_{r=1}^{p-1} r^4\left(\frac{r}{p}\right)=2p\sum_{r=1}^{p-1} r^3\left(\frac{r}{p}\right)-p^2\sum_{r=1}^{p-1} r^2\left(\frac{r}{p}\right).$$

14. 证明:设 $q=2h+1$ 是一个素数,$q\equiv 7(\bmod 8)$,则

$$\sum_{r=1}^{h} r\left(\frac{r}{q}\right)=0.$$

15. 证明:若 $n>0$,且对任意的 $x,y,(x,y)=1$,则

$$x^{2^n}+y^{2^n}$$

的每一个奇因数具有形状 $2^{n+1}k+1,k>0$.

16. 证明:若 $F_n=2^{2^n}+1,n>1$,则 F_n 的任一素因数具有形状 $p=2^{n+2}k+1,k>0$.

17. 证明:设 $m^2>1$,则对任意的 n,m,

$$\frac{4n^2+1}{m^2+2},\quad \frac{4n^2+1}{m^2-2},\quad \frac{n^2-2}{2m^2+3},\quad \frac{n^2+2}{3m^2+4}$$

没有一个是整数.

*18. 证明:设 $p=4n+1$ 是一个素数,则

$$\sum_{k=1}^{\frac{p-1}{2}}\left[\frac{k^2}{p}\right]=\frac{(p-1)(p-5)}{24}.$$

*19. 证明不定方程

$$4xyz-x-y-t^2=0$$

无正整数解 x,y,z,t.

20. 证明：如果 $n>0$ 适合

$$\sigma(n)=2n+1,$$

则 n 是一个奇数的平方.

*21. 证明：设 $n>1$，则

$$2^n-1\nmid 3^n-1.$$

22. 证明：若 $p\equiv 1 \pmod 6$，则 p 可表为 $p=x^2+3y^2$，且表法惟一.

23. 证明：设 q 是一个形如 $4n+1$ 的素数，则存在一个奇素数 $p<q$，使得 $\left(\frac{q}{p}\right)=-1$.

24. 证明：

①若 $q=8k+3$ 为素数，则 $q\mid 2^{4k+1}+1$；

②若 $q=8k-3$ 为素数，则 $q\mid 2^{4k-2}+1$.

25. 证明：若 p 是一个形如 $4l+1$ 的素数，则 $p^k(k\geqslant 1)$ 能本原的表成二平方和，且表法惟一.

26. 证明：设 $N=6119=82^2-5\cdot 11^2$，素数 $p\mid N$，则 $\left(\frac{5}{p}\right)=1$，用这个方法把 N 分解成标准分解式.

27. 证明：对任一个素数 p，同余式

$$x^{2^\alpha}\equiv 2^{2^{\alpha-1}} \pmod p,\ \alpha\geqslant 3$$

都有解 x.

28. 设 $a>0,b>0,b$ 为奇数，证明雅可比符号

$$\left(\frac{a}{2a+b}\right)=\begin{cases}\left(\frac{a}{b}\right)，若\ a\equiv 0\ 或\ 1 \pmod 4,\\ -\left(\frac{a}{b}\right)，若\ a\equiv 2\ 或\ 3 \pmod 4.\end{cases}$$

29. 证明：若 $a>0,b>0,c>0,(a,b)=1$，且 $2\nmid b,b<4ac$，则

$$\left(\frac{a}{4ac-b}\right)=\left(\frac{a}{b}\right).$$

30. 证明：若 $2\mid m$，m 能本原的表成二平方和，则 $\frac{m}{2}$ 也能本原的表成二平方和.

第五章　原　　根

本章将介绍次数、原根、指数等重要概念，证明原根存在的充分必要条件，原根的某些性质，以及一些求次数和原根的方法等. 本章还将介绍离散对数在密码学中的应用以及 k 次剩余的一些基本性质.

§1　整数的次数

设 $m > 0, (a, m) = 1$，考虑 a 的正整数幂

$$a, a^2, a^3, \cdots.$$

由欧拉定理，有 $a^{\varphi(m)} \equiv 1 \pmod{m}$. 这里，我们感兴趣的是使 $a^l \equiv 1 \pmod{m}$ 成立的最小正整数 l.

定义　设 $m > 0, (m, a) = 1$，l 是使

$$a^l \equiv 1 \pmod{m}$$

成立的最小正整数，则 l 叫做 a 对模数 m 的**次数**.

我们有以下的定理.

定理 1　设 a 对模数 m 的次数为 l，$a^n \equiv 1 \pmod{m}$，$n > 0$，则 $l \mid n$.

证　如果结论不成立，则必有两整数 q 和 r，使

$$n = ql + r, 0 < r < l,$$

而 $$1 \equiv a^n = a^{ql+r} = a^{ql} \cdot a^r \equiv a^r \pmod{m}.$$

这就和 l 的定义相违背.　　证完

推论　设 a 对模数 m 的次数为 l，则 $l \mid \varphi(m)$.

定理 2　设 a 对模数 m 的次数为 l，则

$$1, a, a^2, \cdots, a^{l-1}$$

对模数 m 两两不同余.

证 如果结论不成立,则有某对 $j,k,0\leqslant j<k\leqslant l-1$,使

$$a^j\equiv a^k(\mathrm{mod}\ m),$$

则有

$$a^{k-j}\equiv 1(\mathrm{mod}\ m).$$

而 $0<k-j\leqslant l-1$,与 a 对模数 m 的次数是 l 矛盾. 证完

定理 3 设 a 对模数 m 的次数为 $l,\lambda>0,a^\lambda$ 对模数 m 的次数为 l_1,则 $l_1=\frac{l}{(\lambda,l)}$.

证 由

$$a^{\lambda l_1}\equiv 1(\mathrm{mod}\ m),$$

故 $l\mid\lambda l_1$,即得 $\frac{l}{(\lambda,l)}\left|\frac{\lambda}{(\lambda,l)}\cdot l_1\right.$,而 $\left(\frac{l}{(\lambda,l)},\frac{\lambda}{(\lambda,l)}\right)=1$,可得

$$\frac{l}{(\lambda,l)}\Bigg| l_1. \tag{1}$$

另一方面,

$$(a^\lambda)^{\frac{l}{(\lambda,l)}}=a^{l\cdot\frac{\lambda}{(\lambda,l)}}\equiv 1(\mathrm{mod}\ m),$$

故

$$l_1\Bigg|\frac{l}{(\lambda,l)}. \tag{2}$$

由(1)和(2)知 $l_1=\frac{l}{(\lambda,l)}$. 证完

推论 设 a 对模数 m 的次数为 l,则 $\varphi(l)$ 个数

$$a^\lambda,(\lambda,l)=1,0<\lambda\leqslant l$$

对模数 m 的次数均为 l.

显然,同一个模数 m 的剩余类中的数,对模数 m 的次数都是相同的,以上推论给出的 $\varphi(l)$ 个数虽然次数相同,却对模数 m 两两不同余.对于 $m=p$ 是一个素数,我们有以下定理.

定理 4 设 p 是一个素数,如果存在整数 a,它对模数 p 的次数是 l,则恰有 $\varphi(l)$ 个对模数 p 两两不同余的整数,它们对模数 p 的次数都为 l.

证 由于 a 对模数 p 的次数为 l，定理 2 告诉我们

$$a, a^2, \cdots, a^{l-1}, a^l \tag{3}$$

模数 p 两两不同余，因此它们是同余式

$$x^l \equiv 1 \pmod{p} \tag{4}$$

的全部解. 由此可见，次数为 l 的对模数 p 两两不同余的整数，包含在(3)中.

设(3)中的任一数为

$$a^\lambda, 1 \leqslant \lambda \leqslant l,$$

由定理 3 知，a^λ 的次数为 l，当且仅当 $(\lambda, l) = 1$，这就证明了若整数 a 对模数 p 的次数为 l，则恰有 $\varphi(l)$ 个整数对模数 p 两两不同余，它们的次数均为 l. 证完

设 a 对模数 p 的次数为 l，由定理 1 的推论知 $l \mid p-1$. 那么，是否对每一个 l，都有 $\varphi(l)$ 个模数 p 互不同余的整数，它们的次数是 l？下面的定理回答了这个问题.

定理 5 设 $l \mid p-1$，则次数是 l 的，模数 p 互不同余的整数的个数是 $\varphi(l)$ 个.

证 设 $l \mid p-1$，$\psi(l)$ 代表 $1, 2, \cdots, p-1$ 中对模数 p 次数为 l 的个数. 因为 $1, 2, \cdots, p-1$ 中任一个数的次数都等于且只等于 $p-1$ 的某一因数，故 $\psi(l) \geqslant 0$，且

$$\sum_{l \mid p-1} \psi(l) = p - 1. \tag{5}$$

另一方面，对于熟知的欧拉函数有

$$\sum_{l \mid p-1} \varphi(l) = p - 1, \tag{6}$$

定理 4 告诉我们，$\psi(l) = 0$ 或 $\varphi(l)$，从而 $\psi(l) \leqslant \varphi(l)$. 故由(5)，(6)得到和式

$$\sum_{l \mid p-1} (\varphi(l) - \psi(l)) = 0,$$

它的左端的每一项都是非负的. 所以设 $l \mid p-1$，必须有 $\psi(l) = \varphi(l)$. 证完

§2 原 根

上一节的定理 5 指出，存在 $\varphi(p-1)$ 个互不同余的整数，对模数 p 的次数为 $p-1$，这样的整数就叫 p 的原根. 一般地，有如下的定义.

定义 设整数 $m>0$，$(g,m)=1$，如果整数 g 对 m 的次数为 $\varphi(m)$，则 g 叫做 m 的一个**原根**.

定理 1 设 $(g,m)=1$，$m>0$，则 g 是 m 的一个原根的充分必要条件是

$$g, g^2, \cdots, g^{\varphi(m)} \tag{1}$$

组成模数 m 的一组缩系.

证 由 §1 的定理 2 知，若 g 为原根，则(1) 中任意两个数对模数 m 不同余，又由 $(g,m)=1$，故(1) 组成模数 m 的一组缩系.

反之，若(1) 组成模数 m 的一组缩系，故 $(g,m)=1$，进而由第二章 §3 定理 4 得 $g^{\varphi(m)} \equiv 1 \pmod{m}$，所以对任一 s，$1 \leqslant s < \varphi(m)$，$g^s \not\equiv 1 \pmod{m}$，故 g 是 m 的一个原根. 证完

定理 1 说明了原根的重要性. 如果 g 是 m 的一个原根，那么，模数 m 的一组缩系可表成形为(1) 的几何级数. 这在处理某些问题时，非常有用. 然而，并非所有的正整数都有原根. 我们有以下的定理.

定理 2 设 $m>1$，若 m 有原根，则 m 必为下列诸数之一：2，4，p^l，$2p^l$，这里 $l \geqslant 1$，p 是奇素数.

证 设 m 的标准分解式为

$$m = p_1^{l_1} p_2^{l_2} \cdots p_s^{l_s}, p_1 < p_2 < \cdots < p_s.$$

任一整数 a，$(a,p_i)=1 (i=1,\cdots,s)$，必适合

$$a^{\varphi(p_i^{l_i})} \equiv 1 \pmod{p_i^{l_i}} \quad (i=1,\cdots,s).$$

令 $\alpha = [\varphi(p_1^{l_1}), \cdots, \varphi(p_s^{l_s})]$，则

$$a^{\alpha} \equiv 1 \pmod{p_i^{l_i}} (i=1,\cdots,s).$$

而 $\alpha \leqslant \varphi(n)$，因此，当 $\alpha \neq \varphi(n)$ 时，则 m 无原根存在. 显然，当且仅当 $\varphi(p_1^{l_1}),\cdots,\varphi(p_s^{l_s})$ 两两互素时，$\alpha = \varphi(n)$. 当 $p > 2$ 时，$\varphi(p^l)$ 为偶数，故当 m 具有两个不同的奇素因数时，m 没有原根. 即 m 有原根，m 必为 2^{l_1}，p^l，$2^t p^l(l_1 > 0, l > 0, t > 0)$ 三种形状之一. 若 $t > 1$，则 $\varphi(2^t) = 2^{t-1}$ 与 $\varphi(p^l)$ 不互素，故 $t = 1$. 若 $m = 2^{l_1}$，我们来证 $l_1 \geqslant 3$ 时 m 没有原根. 因为 $(2,a) = 1$ 时，$a^2 \equiv 1 \pmod{2^3}$. 设 $a^{2^{e-3}} \equiv 1 \pmod{2^{2-1}}$ 成立，则

$$a^{2^{e-2}} = (1 + k2^{e-1})^2 = 1 + k2^e + k^2 2^{2(e-1)} \equiv 1 \pmod{2^e}.$$

故由归纳法，对任一个奇数 a，当 $e \geqslant 3$ 时，

$$a^{2^{e-2}} \equiv 1 \pmod{2^e},$$

此时 $\varphi(2^e) = 2^{e-1} > 2^{e-2}$，故当 $e > 2$ 时，$m = 2^e$ 没有原根. 这就证明了 $m \neq 2,4,p^l,2p^l(l \geqslant 1, p$ 为奇素数$)$ 时，m 没有原根.　证完

定理 3　$m = 2,4,p^l,2p^l(l \geqslant 1, p$ 为奇素数$)$ 时，m 有原根.

证明定理 3 之前，我们首先证明下面的引理.

引理　设 g 是奇素数 p 的一个原根，满足

$$g^{p-1} \not\equiv 1 \pmod{p^2}, \tag{2}$$

则对于每一个 $\alpha \geqslant 2$，有

$$g^{\varphi(p^{\alpha-1})} \not\equiv 1 \pmod{p^\alpha}. \tag{3}$$

证　我们对 α 用归纳法. $\alpha = 2$ 时，(3) 即(2)，故定理成立. 设定理对 $\alpha(\alpha \geqslant 2)$ 成立，即(3) 成立. 由欧拉定理知

$$g^{\varphi(p^{\alpha-1})} \equiv 1 \pmod{p^{\alpha-1}}.$$

故可设

$$g^{\varphi(p^{\alpha-1})} = 1 + kp^{\alpha-1}, p \nmid k,$$

将上式两端自乘 p 次，可得

$$\begin{aligned} g^{\varphi(p^\alpha)} &= (1 + kp^{\alpha-1})^p \\ &= 1 + kp^\alpha + k^2 \frac{p(p-1)}{2} p^{2(\alpha-1)} + rp^{3(\alpha-1)}, \end{aligned} \tag{4}$$

其中 r 是一个整数. 因为 $2\alpha - 1 \geqslant \alpha + 1, 3(\alpha - 1) \geqslant \alpha + 1$，故由

(4) 给出

$$g^{\varphi(p^{\alpha})} \equiv 1 + kp^{\alpha} \pmod{p^{\alpha+1}}.$$

因为 $p \nmid k$,故上式给出

$$g^{\varphi(p^{\alpha})} \not\equiv 1 \pmod{p^{\alpha+1}}.$$

故(3) 对 $\alpha + 1$ 成立. 证完

定理 3 的证明

$m = 2$ 时,1 即为原根. $m = 4$ 时,3 即为 4 的原根.

设 $m = p^l$, p 是奇素数, $l = 1$ 时, 已经知道 p 有原根存在, 设 g 为 p 的原根. 如果 $g^{p-1} \not\equiv 1 \pmod{p^2}$, 取 $r = g$; 若 $g^{p-1} \equiv 1 \pmod{p^2}$, 则取 $r = g + p$, 也是 p 的元根, 且

$$\begin{aligned} r^{p-1} - 1 = (g + p)^{p-1} - 1 &\equiv g^{p-1} + (p - 1)pg^{p-2} - 1 \\ &\equiv - pg^{p-2} \not\equiv 0 \pmod{p^2}. \end{aligned}$$

现在我们来证明 r 是 $p^l (l \geqslant 2)$ 的原根. 设 r 对模数 p^l 的次数为 t,因为 $r^t \equiv 1 \pmod{p^l}$,故也有 $r^t \equiv 1 \pmod{p}$,由 r 是 p 的原根,即得 $\varphi(p) \mid t$,记

$$t = \varphi(p)q. \tag{5}$$

因为 $t \mid \varphi(p^l)$,故 $\varphi(p)q \mid \varphi(p^l)$. 但是 $\varphi(p^l) = p^{l-1}(p - 1)$,因此 $q \mid p^{l-1}$. 设 $q = p^{\beta}$,这里 $\beta \leqslant l - 1$. 如果 $\beta < l - 1$,(5) 给出 $t = p^{\beta}\varphi(p)$, 且 $t \mid \varphi(p^{l-1})$,于是推出

$$r^{\varphi(p^{l-1})} \equiv 1 \pmod{p^l}. \tag{6}$$

但由引理知,(6) 是不可能的. 这就证明了 $\beta = l - 1$,即 $t = \varphi(p^l)$, r 是 p^l 的一个原根.

设 $m = 2p^l$,p 是奇素数,令 g 是 p^l 的一个原根,我们来证明当 g 是奇数时,g 也是 $2p^l$ 的一个原根. 因为$(g, 2p^l) = 1$,故

$$g^{\varphi(2p^l)} \equiv 1 \pmod{2p^l}.$$

设 g 对模数 $2p^l$ 的次数为 b,则

$$b \mid \varphi(2p^l) = \varphi(p^l). \tag{7}$$

又

$$g^b \equiv 1 \pmod{p^l},$$

故

$$\varphi(p^l) \mid b. \tag{8}$$

(7) 和(8) 给出 $b = \varphi(2p^l)$. 如果 g 是偶数,则 $g + p^l$ 是奇数.

证完

以上我们证明了整数 $m > 1$ 有一个原根的充分必要条件是 m 为下列诸数中的一个:$2,4,p^l,2p^l$,其中 $l \geqslant 1$,p 是奇素数. 下面的定理告诉我们,对每一个这样的 m,有多少个原根.

定理 4　设 m 有一个原根 g,则 m 恰有 $\varphi(\varphi(m))$ 个对模数 m 不同余的原根,它们由集

$$S = \{g^t \mid 1 \leqslant t \leqslant \varphi(m), (t, \varphi(m)) = 1\}$$

中的数给出.

证　由 § 1 的定理 3 知 S 中的每一个数对模数 m 的次数均为 $\varphi(m)$,即都是 m 的原根. 反之,设 a 是 m 的任一个原根,则存在某个 k,$1 \leqslant k \leqslant \varphi(m)$,满足

$$g^k \equiv a \pmod{m}.$$

因为 a 是 m 的原根,故 g^k 对模数 m 的次数为 $\varphi(m)$. 另一方面,由 § 1 的定理 3,g^k 对模数 m 的次数又为 $\dfrac{\varphi(m)}{(\varphi(m),k)}$,故推出 $(\varphi(m),k) = 1$,即 a 与 S 中的一数对模数 m 同余. 又集 S 中的数对模数 m 两两不同余,这就证明了 S 给出了 m 的全部互不同余的原根,共 $\varphi(\varphi(m))$ 个.　证完

§ 3　计算次数的方法

设整数 a 满足 $(a,m) = 1$,$m > 0$,a 对模数 m 的次数为 l. 因为 $l \mid \varphi(m)$,故次数 l 可通过计算

$$a^{d_1}, a^{d_2}, \cdots, a^{d_s}$$

对模数 m 的值求出,这里 $d_1, d_2, \cdots, d_s$ 是 $\varphi(m)$ 的诸因子.

现在给出两个便于计算次数的结果.

定理 1 如果 $m = p_1^{l_1}\cdots p_k^{l_k}$ 是 m 的标准分解式,整数 a 对模数 m 的次数等于整数 a 对模数 $p_i^{l_i}(i = 1,\cdots,k)$ 的诸次数的最小公倍数.

证 设 f_i 表示 a 对模数 $p_i^{l_i}$ 的次数$(i = 1,\cdots,k)$,$d = [f_1,\cdots,f_k]$,则由

$$a^d \equiv 1(\bmod\ p_i^{l_i})(i = 1,\cdots,k),$$

得

$$a^d \equiv 1(\bmod\ m).$$

如果 d 不是 a 对模数 m 的次数,则设 a 的次数为 d',$0 < d' < d$,由

$$a^{d'} \equiv 1(\bmod\ m),$$

可得

$$a^{d'} \equiv 1(\bmod\ p_i^{l_i})(i = 1,\cdots,k),$$

故 $f_i|d'(i = 1,\cdots,k)$. 与 d 是 $f_1,\cdots,f_k$ 的最小公倍数矛盾. 证完

定理 2 设 p 是一个素数,a 对模数 p^j 的次数是 f_j,则 $f_{j+1} = f_j$ 或 $f_{j+1} = pf_j$. 又设 $p^i \parallel a^{f_2} - 1$,进而有

$$f_j = \begin{cases} f_2, & 若\ 2 \leqslant j \leqslant i, \\ p^{j-i}f_2, & 若\ j > i. \end{cases}$$

证 因为 $a^{f_j} \equiv 1(\bmod\ p^j)$,故$(a^{f_j})^k \equiv 1(\bmod\ p^j)$,且

$$\sum_{k=0}^{p-1}(a^{f_j})^k \equiv \sum_{k=0}^{p-1}1 \equiv p(\bmod\ p^j),$$

从而

$$\sum_{k=0}^{p-1}(a^{f_j})^k \equiv 0(\bmod\ p).$$

故可得

$$a^{pf_j} - 1 = (a^{f_j} - 1)(\sum_{k=0}^{p-1}(a^{f_j})^k) \equiv 0(\bmod\ p^{j+1}).$$

由此得

$$f_{j+1} \mid p f_j, \tag{1}$$

又因 $a^{f_{j+1}} \equiv 1 \pmod{p^j}$，故

$$f_j \mid f_{j+1}. \tag{2}$$

由(1) 和(2) 便知 $f_{j+1} = f_j$ 或 $p f_j$.

由于 $p^i \parallel a^{f_2} - 1$，故 $f_j \mid f_2 (j = 2, \cdots, i)$. 另一方面，由于 $j = 2, \cdots, i$ 时，$a^{f_j} \equiv 1 \pmod{p^j}$ 可推出 $a^{f_j} \equiv 1 \pmod{p^2}$，故 $f_2 \mid f_j$，从而 $f_2 = f_j (j = 2, \cdots, i)$. 对于 $j > i$，则 $p^j \nmid a^{f_2} - 1$，因此，由 $f_{i+1} = f_i$ 或 $p f_i$，必须有 $f_{i+1} = p f_i$，否则，由 $f_{i+1} = f_i = f_2$，与 $p^{i+1} \nmid a^{f_2} - 1$ 矛盾. 由于 $f_{i+2} = f_{i+1}$ 或 $p f_{i+1}$，必须有 $f_{i+2} = p f_{i+1}$，否则由

$$a^{f_{i+1}} - 1 = a^{p f_i} - 1 = (a^{f_i} - 1)\left(\sum_{k=0}^{p-1} (a^{f_i})^k\right) \equiv 0 \pmod{p^{i+2}},$$

和

$$\sum_{k=0}^{p-1} (a^{f_i})^k \equiv p \pmod{p^i},$$

推出

$$a^{f_i} - 1 \equiv 0 \pmod{p^{i+1}}.$$

故 $f_{i+1} \mid f_i$，与 $f_{i+1} = p f_i$ 矛盾. 同理可证 $f_{i+3} = p f_{i+2}$，…，故 $f_{i+1} = p f_2$，$f_{i+2} = p f_{i+1} = p^2 f_2$，$f_{i+3} = p f_{i+2} = p^3 f_2$，…，$f_j = p^{j-i} f_2$.　　证完

例 1　设 $a = 2, m = 45 = 5 \cdot 9$，2 对模数 5 的次数是 4，2 对模数 9 的次数是 6，故 2 对模数 45 的次数为 $[4, 6] = 12$.

例 2　设 $a = 7, p = 2$，求 7 对模数 2^{10} 的次数 f_{10}.

因为 $f_1 = 1, f_2 = 2$，且 $7^2 - 1 = 48, 2^4 \parallel 48$，故 $f_{10} = 2^{10-4} \cdot 2 = 2^7 = 128$.

§ 4　计算原根的方法

设 $(g, m) = 1$，$m = p^l$ 或 $2p^l$，p 是一个奇素数，判断 g 是否

是 m 的原根，不需要逐一计算 g^1，g^2，…，$g^{\varphi(m)-1}$，而只需计算 $g^t \pmod m$，这里 $t\mid\varphi(m)$. 基于这样的想法，我们有下面的定理.

定理 1 设 $m>2$，$\varphi(m)$ 的所有不同的素因子是 $q_1,q_2,\cdots,q_s$，$(g,m)=1$，则 g 是 m 的一个原根的充分必要条件是

$$g^{\frac{\varphi(m)}{q_i}} \not\equiv 1 \pmod m \quad (i=1,2,\cdots,s). \tag{1}$$

证 若 g 是模数 m 的一个原根，则 g 对模数 m 的次数是 $\varphi(m)$，但 $0<\dfrac{\varphi(m)}{q_i}<\varphi(m)(i=1,\cdots,s)$，故(1)成立.

反之，若(1)成立，设 g 对模数 m 的次数是 f，假定 $f<\varphi(m)$，因 $f\mid\varphi(m)$，所以 $\dfrac{\varphi(m)}{f}$ 是大于 1 的整数. 故有某个素因数 $q_i\left|\dfrac{\varphi(m)}{f}\right.$，即 $\dfrac{\varphi(m)}{f}=q_iu$，于是 $\dfrac{\varphi(m)}{q_i}=fu$，

$$g^{\frac{\varphi(m)}{q_i}}=g^{fu}\equiv 1 \pmod m.$$

这与(1)矛盾，故 $f=\varphi(m)$，即 g 是 m 的一个原根. 证完

例 1 12 是 41 的一个原根.

设 $m=41$，$\varphi(41)=2^3\cdot 5$，$q_1=2$，$12^{20}\equiv 40\not\equiv 1 \pmod{41}$，$12^8\equiv 18\not\equiv 1 \pmod{41}$，故由定理 1 知 12 是 41 的一个原根.

我们在 §2 中证明原根存在的充分必要条件时知道，求 $m=p^l,2p^l$ 的原根，归结为求奇素数 p 的原根. 下面我们介绍一种求 p 的原根的方法.

定理 2 设 a 对模数奇素数 p 的次数是 d，$d<p-1$，则

$$a^\lambda,\quad \lambda=1,2,\cdots,d$$

都不是 p 的原根.

证 因为 $a^\lambda(\lambda=1,\cdots,d)$ 对模数 p 的次数为 $\dfrac{d}{(\lambda,d)}$，而 $\dfrac{d}{(\lambda,d)}\leqslant d<p-1$，所以 $a^\lambda(\lambda=1,\cdots,d)$ 都不是 p 的原根. 证完

要求 p 的原根，先列出数

$$1,2,\cdots,p-1. \tag{2}$$

取 $a=2$，计算 2 对 p 的次数 d，如果 $d=p-1$，2 就是 p 的原根.

如果 $d < p-1$，在(2)中除去以下各数

$$\langle 2\rangle_p,\langle 2^2\rangle_p,\cdots,\langle 2^d\rangle_p.$$

在(2)中剩下的数中再取一数，重复以上方法，直到(2)中剩下 $\varphi(p-1)$ 个数，因为对奇素数 p，恰有 $\varphi(p-1)$ 个原根．因此这 $\varphi(p-1)$ 个数都是 p 的原根．

例 2 求出 41 的原根．

列出

$$1,2,3,\cdots,40. \tag{3}$$

因为 2 对模数 41 的次数为 20，在(3)中除去以下各数

2,4,8,16,32,23,5,10,20,40,39,37,33,25,

9,18,36,31,21,1,

其次取 3，因为 3 对模数 41 的次数是 8，因此在(3)中除去

3,9,27,40,38,32,14,1,

其中 1,9,32,40 第一次已除去，(3)中尚剩下 $\varphi(40)$ 个数

6,7,11,12,13,15,17,19,22,24,26,28,29,30,34,35.

它们都是 41 的原根．

§5 原根的一个性质

设 p 是一个奇素数，$Q(p)$ 表示 p 的互不同余的 $\varphi(p-1)$ 个原根的和，我们有

定理 1 $Q(p)\equiv\mu(p-1)\pmod p$，这里 $\mu(n)$ 表示麦比乌斯函数．

1952 年，莫勒(Moller)推广了定理 1，得到下面的结果．

定理 2 设 p 是一个奇素数，对模数 p 的次数为 d 的 $\varphi(d)$ 个互不同余的数的 r 次幂的和为 S，则

$$S\equiv\frac{\varphi(d)}{\varphi(d_1)}\mu(d_1)\pmod p,$$

这里 $d_1=\dfrac{d}{(r,d)}$.

证明定理 2 之前,先证一个引理.

引理 设 $f(n)$ 是一个数论函数,

$$S'(n)=\sum_{\substack{1\leqslant j\leqslant n\\(j,n)=1}}f(j),$$

则

$$S'(n)=\sum_{d\mid n}\mu(d)(f(d)+f(2d)+\cdots+f(n)).$$

证 设 $\delta_j=(j,n),j=1,\cdots,n$,由第三章 § 2 定理 1 知

$$\sum_{d\mid n}\mu(d)=\begin{cases}1, & 若\ m=1,\\0, & 若\ m>1.\end{cases}$$

故有

$$\begin{aligned}S'(n)&=\sum_{\substack{1\leqslant j\leqslant n\\(j,n)=1}}f(j)=\sum_{j=1}^{n}f(j)\sum_{d\mid\delta_j}\mu(d)\\&=\sum_{j=1}^{n}f(j)\sum_{\substack{d\mid j\\d\mid n}}\mu(d)=\sum_{d\mid n}\mu(d)\sum_{k=1}^{\frac{n}{d}}f(kd),\end{aligned}$$

其中最后一个等式,是对和式 $\sum\limits_{j=1}^{n}f(j)\sum\limits_{\substack{d\mid j\\d\mid n}}\mu(d)$ 中具有相同的 $\mu(d)$ 的各项 $\mu(d)f(j)$ 归并在一起,当 j 取 $1,\cdots,n$ 中所有 d 的倍数,便得所有这样的项,把 $\mu(d)$ 提出来便得 $\mu(d)\sum\limits_{k=1}^{\frac{n}{d}}f(kd)$,当 d 过 n 的全部因子时,便得到了 $\sum\limits_{d\mid n}\mu(d)\sum\limits_{k=1}^{\frac{n}{d}}f(kd)$. 证完

定理 2 的证明

设整数 t 对模数 p 的次数为 d,则

$$t^{\lambda},1\leqslant\lambda\leqslant d,(\lambda,d)=1 \tag{1}$$

给出 $\varphi(d)$ 个互不同余的对模数 p 的次数为 d 的整数. 由 § 1 的定理 3 知,t^{r} 对模数 p 的次数为 d_1,我们来讨论 $\varphi(d)$ 个数

$$t^{r\lambda},1\leqslant\lambda\leqslant d,(\lambda,d)=1 \tag{2}$$

对模数 p 有多少个是相等的. 设

$$t^{rj}, 1 \leqslant j \leqslant d_1, (j, d_1) = 1. \tag{3}$$

我们来证明, 对于(3)中每一个 t^{rj}, (2)中恰有 $\frac{\varphi(d)}{\varphi(d_1)}$ 个数和它模数 p 同余. 由第二章 §9 知集

$$\{j + kd_1, (j, d_1) = 1, d_1 \geqslant j \geqslant 1, k = 0, 1, \cdots, \frac{d}{d_1} - 1\}$$

中与 d 互素的个数为 $\frac{\varphi(d)}{\varphi(d_1)}$, 而 $1 \leqslant j + kd_1 \leqslant d$, 可知恰有 $\frac{\varphi(d)}{\varphi(d_1)}$ 个 λ, 满足 $1 \leqslant \lambda \leqslant d$, $(\lambda, d) = 1$, 且能表成 $j + kd_1$, 对这样的 λ, 有

$$t^{r\lambda} = t^{r(j+kd_1)} = t^{rj+krd_1} \equiv t^{rj} \pmod{p}.$$

设 $t^r \equiv a \pmod{p}$, 故

$$S = \sum_{\substack{\lambda=1 \\ (\lambda,d)=1}}^{d} t^{r\lambda} \equiv \frac{\varphi(d)}{\varphi(d_1)} \sum_{\substack{j=1 \\ (j,d_1)=1}}^{d_1} t^{rj} \equiv \frac{\varphi(d)}{\varphi(d_1)} \sum_{\substack{j=1 \\ (j,d_1)=1}}^{d_1} a^j,$$

而由引理知

$$\sum_{\substack{j=1 \\ (j,d_1)=1}}^{d_1} a^j = \sum_{h \mid d_1} \mu(h)(a^h + a^{2h} + \cdots + a^{\frac{d_1}{h} \cdot h})$$

$$= \sum_{h \mid d_1} \mu(h) \frac{a^{d_1} - 1}{a^h - 1} \cdot a^h.$$

而当 $0 < h < d_1$ 时, $a^h \not\equiv 1 \pmod{p}$, $a^{d_1} \equiv 1 \pmod{p}$, 故

$$\sum_{\substack{j=1 \\ (j,d_1)=1}}^{d_1} a^j \equiv \mu(d_1) a^{d_1} \equiv \mu(d_1) \pmod{p},$$

即得

$$S \equiv \frac{\varphi(d)}{\varphi(d_1)} \mu(d_1) \pmod{p}.$$ 证完

在定理 2 中令 $r = 1$, $d = p - 1$, 便得定理 1.

§6 指 数

如果 m 有一个原根 g，我们知道，数 $1,g,g^2,\cdots,g^{\varphi(m)-1}$ 组成模数 m 的一组缩系. 由于原根有上述重要性质，我们可以给出下面的定义.

定义 任一整数 $n,(n,m)=1$，必有惟一的整数 $k,0\leqslant k<\varphi(m)$，满足

$$n\equiv g^k(\bmod m),$$

k 叫做 n 对模数 m 的**指数**，记为 $k=\mathrm{ind}_g n$，在不易引起混淆的情况下，把 $\mathrm{ind}_g n$ 简写成 $\mathrm{ind}\ n$. 有时，也把指数叫做**离散对数**.

指数具有类似对数的性质. 我们有下面的定理.

定理 1 设 g 是 m 的原根，如果 $(a,m)=(b,m)=1$，我们有

① $\mathrm{ind}(ab)\equiv\mathrm{ind}\ a+\mathrm{ind}\ b(\bmod \varphi(m))$；

② $\mathrm{ind}\ a^n\equiv n\mathrm{ind}\ a(\bmod \varphi(m))$，这里 $n\geqslant 1$；

③ $\mathrm{ind}\ 1=0,\mathrm{ind}\ g=1$；

④ $\mathrm{ind}(-1)=\dfrac{\varphi(m)}{2}$，这里 $m>2$；

⑤ 设 g_1 也是 m 的一个原根，则

$$\mathrm{ind}_g a\equiv\mathrm{ind}_{g_1}a\cdot\mathrm{ind}_g g_1(\bmod \varphi(m)).$$

证 ① 设 $ab\equiv g^{\mathrm{ind}(ab)}(\bmod m)$，$a\equiv g^{\mathrm{ind}\ a}(\bmod m)$，$b\equiv g^{\mathrm{ind}\ b}(\bmod m)$，则有

$$g^{\mathrm{ind}(ab)}\equiv g^{\mathrm{ind}\ a+\mathrm{ind}\ b}(\bmod m).$$

故

$$\mathrm{ind}(ab)\equiv\mathrm{ind}\ a+\mathrm{ind}\ b(\bmod \varphi(m)).$$

② 设 $a^n\equiv g^{\mathrm{ind}\ a^n}(\bmod m)$，$a\equiv g^{\mathrm{ind}\ a}(\bmod m)$，则有

$$g^{\mathrm{ind}\ a^n}\equiv a^n\equiv(g^{\mathrm{ind}\ a})^n=g^{n\ \mathrm{ind}\ a}(\bmod m),$$

故

$$\mathrm{ind}\ a^n\equiv n\mathrm{ind}\ a(\bmod \varphi(m)).$$

③ 显然.

④ 设 $m > 2$，则 $\varphi(m) \equiv 0 \pmod 2$. 由于 $m = 4$ 时结论是显然的，故只需证 $m = p^\alpha$ 或 $2p^\alpha$（p 是奇素数）时结论成立.

由

$$g^{\varphi(m)} \equiv 1 \pmod{p^\alpha}$$

得

$$\left(g^{\frac{\varphi(m)}{2}} - 1\right)\left(g^{\frac{\varphi(m)}{2}} + 1\right) \equiv 0 \pmod{p^\alpha},$$

由于 $p^\alpha \left| g^{\frac{\varphi(m)}{2}} - 1\right.$或 $p^\alpha \left| g^{\frac{\varphi(m)}{2}} + 1\right.$，$g$ 是 p^α 的原根，故

$$g^{\frac{\varphi(m)}{2}} \equiv -1 \pmod{p^\alpha}.$$

对于 $m = 2p^\alpha$ 的情形，同理可得 $g^{\frac{\varphi(m)}{2}} \equiv -1 \pmod{p^\alpha}$，因为 $(2, g) = 1$，故 $g^{\frac{\varphi(m)}{2}} \equiv -1 \pmod 2$，故得

$$g^{\frac{\varphi(m)}{2}} \equiv -1 \pmod{2p^\alpha}.$$

⑤ 由 §2 定理 4，$g_1 \equiv g^l \pmod m$，$1 \leqslant l \leqslant \varphi(m)$，$(l, \varphi(m)) = 1$，则

$$g^{\mathrm{ind}_g a} \equiv a \equiv g_1^{\mathrm{ind}_{g_1} a} \equiv g^{l\,\mathrm{ind}_{q_1} a} \pmod m,$$

故

$$\mathrm{ind}_g a \equiv l\,\mathrm{ind}_{g_1} a = \mathrm{ind}_g g_1 \cdot \mathrm{ind}_{g_1} a \pmod{\varphi(m)}.$$　　证完

利用原根，造出指数表，可以用来解同余式.

下面给出一个造表的简单例子.

例 1　$p = 13$，它的全部原根是 2，6，7，11，最小原根是 2，由下列取模数 13 得的诸同余式：

$$2^1 \equiv 2, 2^2 \equiv 4, 2^3 \equiv 8, 2^4 \equiv 3, 2^5 \equiv 6,$$
$$2^6 \equiv 12, 2^7 \equiv 11, 2^8 \equiv 9, 2^9 \equiv 5, 2^{10} \equiv 10,$$
$$2^{11} \equiv 7, 2^{12} \equiv 1 \pmod{13},$$

得出

表 1

N	0	1	2	3	4	5	6	7	8	9
0		12	1	4	2	9	5	11	3	8
1	10	7	6							

表 2

I	0	1	2	3	4	5	6	7	8	9
0		2	4	8	3	6	12	11	9	5
1	10	7	1							

表 1 是已知 N，查 ind N；表 2 是已知 ind N，查 N.

例 2 解同余式

$$3x \equiv 11 \pmod{13}. \tag{1}$$

解同余式(1) 等价于解同余式

$$\text{ind } 3 + \text{ind } x \equiv \text{ind } 11 \pmod{12}.$$

由表 1 得

$$\text{ind } x \equiv 3 \pmod{12}.$$

即得

$$\text{ind } x = 3,$$

故由表 2 得 $x = 8$，此即(1) 的解.

指数表更重要的作用是解二项同余式.

定义 设 $k > 0, m > 0$，一个形如

$$x^k \equiv n \pmod{m}$$

的同余式，叫做**二项同余式**.

定理 2 设 m 有原根 g，$(n,m) = 1$，二项同余式

$$x^k \equiv n \pmod{m} \tag{2}$$

有解的充分必要条件是 $d = (k, \varphi(m)) \mid \text{ind}_g n$. 如果此同余式有解，则恰有 d 个解.

证 设 $y = \text{ind}_g x$，考虑同余式

$$ky \equiv \mathrm{ind}_g n \pmod{\varphi(m)}. \tag{3}$$

设 x_1，x_2 是(2) 的二个解，$x_1 \not\equiv x_2 \pmod m$，且 $(x_1, m) = (x_2, m) = 1$，由 $\mathrm{ind}_g x_1^k = \mathrm{ind}_g n$，$\mathrm{ind}_g x_2^k = \mathrm{ind}_g n$，显然 $\mathrm{ind}_g x_1 = y_1$，$\mathrm{ind}_g x_2 = y_2$ 是(3) 的解. 因为 $\mathrm{ind}_g x_1 \neq \mathrm{ind}_g x_2$，$0 \leqslant \mathrm{ind}_g x_1$，$\mathrm{ind}_g x_2 < \varphi(m)$，故它们是(3) 的不同的解. 反之，设 y_1，y_2 是(3) 的二个解，$y_1 \not\equiv y_2 \pmod{\varphi(m)}$，$g^{y_1} \equiv x_1 \pmod m$，即 $\mathrm{ind}_g x_1 = y_1$，$g^{y_2} \equiv x_2 \pmod m$，即 $\mathrm{ind}_g x_2 = y_2$，故得

$$x_1^k \equiv g^{y_1 k} \equiv g^{\mathrm{ind}_g n} \equiv n \pmod m.$$

同理

$$x_2^k \equiv n \pmod m,$$

且 $x_1 \not\equiv x_2 \pmod m$. 这就证明了，由(2) 的不同解一定能得到(3) 的不同解；反过来也对. 而(3) 有解的充分必要条件是 $d \mid \mathrm{ind}_g n$，故(2) 有解的充分必要条件是 $d \mid \mathrm{ind}_g n$. 且当(2) 有解时，因为(3) 恰有 d 个解，故(2) 也恰有 d 个解. 证完

例 3　解同余式

$$x^3 \equiv 5 \pmod{13}. \tag{4}$$

由定理 2，只需解同余式

$$3\,\mathrm{ind}\, x \equiv \mathrm{ind}\, 5 \pmod{12}. \tag{5}$$

由表 1 知 $\mathrm{ind}\, 5 = 9$，故 $(3,12) = 3 \mid \mathrm{ind}\, 5$，便知(5) 有三个解 $\mathrm{ind}\, x \equiv 3, 7, 11 \pmod{12}$，即 $\mathrm{ind}\, x = 3, 7, 11$. 由表 2 知 $x = 8, 11, 7$ 是(4) 的三个解.

指数表还可以用来解幂同余式

$$a^x \equiv b \pmod m,\ (b, m) = 1, \tag{6}$$

其中 m 有原根 g.

显然，(6) 与同余式

$$x\,\mathrm{ind}_g a \equiv \mathrm{ind}_g b \pmod{\varphi(m)}$$

等价. 故(6) 有解的充分必要条件是 $(\varphi(m), \mathrm{ind}_g a) \mid \mathrm{ind}_g b$，且若有解，恰有 $(\varphi(m), \mathrm{ind}_g a)$ 个解.

例 4 解幂同余式

$$2^x \equiv 3 \pmod{13}. \tag{7}$$

由(7)得

$$x \operatorname{ind} 2 \equiv \operatorname{ind} 3 \pmod{12},$$

即得(7)的解 $x \equiv 4 \pmod{12}$.

§ 7 一般缩系的构造

设 $m > 0$,如果 m 有原根 g,我们知道模数 m 的缩系可经 g 的方幂表出.那么,在一般情况下,整数 $m > 0$ 不存在原根,它的缩系可经多少个数的乘方之积表出呢?我们先讨论 $m = 2^l, l \geqslant 3$ 的情形.

定理 1 若 $l \geqslant 3$,则 5 对模数 2^l 的次数为 2^{l-2}.

证 首先证明,当 $a \geqslant 3$ 时,

$$5^{2^{a-3}} \equiv 1 + 2^{a-1} \pmod{2^a}. \tag{1}$$

$a = 3$ 时,(1)显然成立.现对 2 的幂运算用归纳法.设(1)成立,则有

$$5^{2^{a-2}} = (5^{2^{a-3}})^2 = (1 + 2^{a-1} + k2^a)^2 \equiv 1 + 2^a \pmod{2^{a+1}},$$

其中 k 为整数.这就证明了,当 $a \geqslant 3$ 时,(1)式成立.

于是,$5^{2^{l-3}} \not\equiv 1 \pmod{2^l}$,而 $5^{2^{l-2}} \equiv 1 \pmod{2^l}$,即 5 对模数 2^l 的次数为 2^{l-2}. 证完

定理 2 设 $l > 2$,对任一奇数 a,必有 $-b \geqslant 0$,使

$$a \equiv (-1)^{\frac{a-1}{2}} 5^b \pmod{2^l}, b \geqslant 0. \tag{2}$$

证 如果 $a \equiv 1 \pmod 4$,由定理 1,

$$5^b, 0 \leqslant b < 2^{l-2}$$

给出 2^{l-2} 个模数 2^l 的不同数,且每一个都 $\equiv 1 \pmod 4$.因为模数 2^l 的缩系 $1,3,5,7,\cdots,2^l - 1$ 中,恰有 2^{l-2} 个数 $\equiv 1 \pmod 4$,这 2^{l-2} 个数所在的类,正好是全部 $4k + 1$ 形状的数组成,故有 $b \geqslant 0$,使

$a \equiv (-1)^{\frac{a-1}{2}} 5^b \pmod{2^l}$.

如果 $a \equiv 3 \pmod 4$，则 $-a \equiv 1 \pmod 4$，有 $b \geqslant 0$，使 $-a \equiv 5^b \pmod{2^l}$，即$a \equiv (-1)^{\frac{a-1}{2}} 5^b \pmod{2^l}$，(2) 仍成立.

证完

定理 3　设 $m = 2^l p_1^{l_1} \cdots p_k^{l_k}$ 是 m 的标准分解式，其中 $l \geqslant 0$，$l_j > 0 (j = 1, \cdots, k)$，设

$$\delta = \begin{cases} 0, & l = 0 \text{ 或 } 1, \\ 1, & l = 2, \\ 2, & l > 2, \end{cases}$$

则模数 m 的缩系可由 $k + \delta$ 个数的乘方的乘积表出.

证　① 设 $m = m_1 m_2$，$(m_1, m_2) = 1$，如果 $a_1, \cdots, a_{\varphi(m_1)}$ 是模数 m_1 的一组缩系，由于$(m_1, m_2) = 1$，不妨设 $a_j \equiv 1 \pmod{m_2} (j = 1, \cdots, \varphi(m_1))$. 同样可设 $b_1, \cdots, b_{\varphi(m_2)}$ 是模数 m_2 的一组缩系，且 $b_j \equiv 1 \pmod{m_1} (j = 1, \cdots, \varphi(m_2))$，则 $\varphi(m_1 m_2)$ 个数

$$a_i b_j, i = 1, \cdots, \varphi(m_1), j = 1, \cdots, \varphi(m_2)$$

组成模数 $m_1 m_2$ 的一组缩系，这是因为$(a_i b_j, m_1 m_2) = 1$，且

$$a_i b_j \equiv a_s b_t \pmod{m_1 m_2}, \tag{3}$$

推出

$$a_i \equiv a_s \pmod{m_1}, b_j \equiv b_t \pmod{m_2},$$

故 $i = s, j = t$，即(3) 中 $\varphi(m_1 m_2)$ 个数模数 $m_1 m_2$ 互不同余.

② 由于 p^l 和 $2p^l$(p 是奇素数) 的缩系可由一个数的乘方表出，$2^l (l > 1)$ 的缩系可由 δ 个数的乘方的乘积表出. 后者是因为当 $l = 2$ 时，4 有原根 3，当 $l > 2$ 时，由定理 2 可知.

由 ① 和 ② 可知模数 m 的缩系可由 $k + \delta$ 个数的乘方的乘积表出.

证完

这个定理告诉我们，$(a, m) = 1$，a 与 $k + \delta$ 个数的乘方的乘积模数 m 同余，这 $k + \delta$ 个乘方也叫 a 模数 m 的**指数组**.

§8 原根的一个应用

本节介绍原根在数字信号处理中的一个应用.在数字信号处理中计算离散傅里叶(Fourier)变换是非常重要的.

定义 任给复数序列 $x_n(n=0,1,\cdots,N-1)$,变换

$$\begin{pmatrix} X_0 \\ X_1 \\ \vdots \\ X_{N-1} \end{pmatrix} = \boldsymbol{T} \begin{pmatrix} x_0 \\ x_1 \\ \vdots \\ x_{N-1} \end{pmatrix} \tag{1}$$

叫做**离散傅里叶变换**(DFT),其中 $\boldsymbol{T}$ 是一个 n 阶复方阵

$$\boldsymbol{T} = \begin{pmatrix} 1 & 1 & \cdots & 1 \\ 1 & W_N & \cdots & W_N^{(N-1)} \\ 1 & W_N^2 & \cdots & W_N^{2(N-1)} \\ \vdots & \vdots & & \vdots \\ 1 & W_N^{(N-1)} & \cdots & W_N^{(N-1)^2} \end{pmatrix}, W_N = \mathrm{e}^{-\frac{2\pi \mathrm{i}}{N}}.$$

求出全部 N 个 $X_k(k=0,1,2,\cdots,N-1)$ 大约共需 N^2 次乘法和 N^2 次加法,当 N 很大时,计算量是相当大的.60 年代出现了一种计算 DFT 的新算法,使乘、加法的次数大致降为 $N\log_2 N$,这就是著名的快速傅里叶变换(FFT).但是,FFT 要求序列的长度 N 是一个 2 的幂.1968 年,雷德(Rader)利用原根把 N 是一个奇素数的 DFT 化成两个周期序列的互相关函数,再来计算它.下面,我们就来介绍这一工作.

定义 设

$$a_0, a_1, \cdots, a_{N-1}, \cdots$$

和

$$b_0, b_1, \cdots, b_{N-1}, \cdots$$

这两个周期为 N 的序列,它们的**互相关函数**是指

$$B(l)=\sum_{i=0}^{N-1}a_ib_{i+l}\quad(l=0,1,\cdots,N-1).$$

我们把 DFT 写成以下的形状

$$X_k=\sum_{n=0}^{N-1}x_nW_N^{nk}(k=0,1,\cdots,N-1),W_N=\mathrm{e}^{-\frac{2\pi\mathrm{i}}{N}}.\tag{2}$$

定理　设 $N=p$，p 是一个奇素数，则(2) 可化为两个周期为 $p-1$ 的序列的互相关函数，和 $2(p-1)$ 次加法来计算.

证　设 $N=p$，

$$\overline{X}_k=\sum_{n=1}^{p-1}x_nW_p^{nk}(k=1,\cdots,p-1),\tag{3}$$

则有

$$X_0=\sum_{n=0}^{p-1}x_n,X_k=x_0+\overline{X}_k(k=1,\cdots,p-1).\tag{4}$$

又设 g 是 p 的一个原根，则 $1,2,\cdots,p-1$，可表为 $\langle g^l\rangle_p(l=0,1,\cdots,p-2)$，于是(3) 化为

$$X_{\langle g^l\rangle_p}=\sum_{m=0}^{p-2}x_{\langle g^m\rangle_p}W_p^{q^{l+m}},(l=0,1,\cdots,p-2).\tag{5}$$

由于 g 是原根，所以(5) 是两个周期为 $p-1$ 的序列 $a_u=x_{\langle g^u\rangle_p}$ $(u=0,1,\cdots)$ 和 $b_v=W_p^{q^v}(v=0,1,\cdots)$ 的互相关函数，再由(4) 的 $2(p-1)$ 次加法给出全部 $X_0,X_1,\cdots,X_{p-1}$.　证完

对于 $N=p^l$ 和 $2p^l$（p 是一个奇素数），也有类似的结果.

§9　基于离散对数的公钥密码体制

在 §6 中我们介绍了指数的概念，指数也叫离散对数. 对于 p 是一个奇素数，设其原根为 g，整数 y 适合 $p\nmid y$，则存在整数 k，$0\leqslant k<p-1$，使得 $y\equiv g^k\pmod p$，则 k 叫做 y 对模数 p 的离散对数. 选择一个适当大的 p，如果已知 p，g 和 y，计算离散对数 k 是十分困难的. 1985 年，EIGamal 提出了基于离散对数的公钥密

码体制.下面我们介绍构造这一体制的方法.

设部门 A 希望接受加密的信息，如果采取 EIGamal 公钥密码体制，部门 A 便选择一个适当大的素数 p 和 p 的一个原根 g. 然后，部门 A 选择一个不公开的密钥 a，$0 < a < p-1$，计算 $b \equiv g^a \pmod p$，这样便构成了一个属于部门 A 的公钥密码体制，设为 $k=(g,b,p)$. 如果部门 B 想发一个明文 m 给部门 A，使用公钥密码体制 k 对明文 m 加密的方法如下：

① 任选一个整数 t，$1 < t < p-1$（t 是保密的）；

② 计算 $y_1 = \langle g^t \rangle_p$ 和 $y_2 = \langle mb^t \rangle_p$；

③ 密文是 $E_k(m) = \{y_1, y_2\}$.

部门 A 收到密文 $E_k(m)$ 后，可用解密函数 $D_k(y_1,y_2) = \langle y_2(y_1)^{-a} \rangle_p$ 解密；这里 y_1^{-1} 是整数并适合 $y_1 y_1^{-1} \equiv 1 \pmod p$：

$$D_k(y_1,y_2) = \langle y_2(y_1)^{-a} \rangle_p \equiv mb^t \cdot (g^t)^{-a}$$
$$\equiv mb^t(g^a)^{-t} \equiv mb^t \cdot b^{-t} \equiv m \pmod p.$$

这样，通过以上解密，部门 A 便看到了部门 B 发来的明文 m. 为了防止第三方对密文的攻击，p 至少具有 150 位以上的十进制数字，且 $p-1$ 至少有一个大的素因子，研究表明，此时已知 p，g 和 b，计算离散对数 k 是困难的，即 EIGamal 公钥密码体制是安全的.

现在，我们介绍利用 EIGamal 公钥密码体制可以对消息进行数字签名. 仍以前面提到的部门 A 构造的公钥密码体制 $k=(g,b,p)$ 为例，如果部门 A 想对某一消息（仍以 m 表示）签名，其方案如下：

① 任选一个正整数 r，$(r, p-1)=1$，计算 $y = \langle g^r \rangle_p$，$r$ 是保密的；

② 利用不公开的密钥 a，计算 $s = \langle (m-ay)r^{-1} \rangle_{p-1}$，$rr^{-1} \equiv 1 \pmod{p-1}$；

③ 数组 $\{y,s\}$ 表示部门 A 对 m 的签名；

④ 由于

$$\langle y^s b^y \rangle_p \equiv y^s b^y \equiv y^{(m-ay)r^{-1}} \cdot b^y \equiv g^{r(m-ay)r^{-1}} \cdot b^y$$

$$\equiv g^{m-ay}\cdot b^y\equiv g^m\cdot g^{-ay}\cdot g^{ay}\equiv g^m\equiv\langle g^m\rangle_p(\bmod p),$$

故

$$\langle y^s b^y\rangle_p=\langle g^m\rangle_p. \tag{1}$$

因此,任何人都可以根据公开的 g,b,p 和已知信息 s,y 以及消息 m,来验证(1) 式是否成立. 如果计算(1) 式是成立的,则签名有效.

例 1 设 $p=37$, $g=2$, $a=31$, $b\equiv 2^{31}\equiv 22(\bmod 37)$, $k=(2,22,37)$, $a=31$ 是不公开的密钥. 部门 B 发明文 $m=19$ 给部门 A, 部门 B 选择 $t=7$, 计算 $y_1=\langle 2^7\rangle_{37}=17$, $y_2=\langle 19\cdot 22^7\rangle_{37}=1$, 故 $E_k(19)=\{17,1\}$, 部门 A 用解码函数得 $D_k=(17,1)=\langle 17^{-31}\rangle_{37}=19$.

例 2 设部门 A 的公钥密码体制仍是 $k=(g,b,p)=(2,22,37)$,其中 $a=31$ 是不公开的密钥. 现在,部门 A 对消息 $m=19$ 签名,方法如下:A 任选一个数 $r=13$,$(13,30)=1$,则 $y=\langle 2^{13}\rangle_{37}=15$,$r^{-1}=25$,这里 $13\cdot 25\equiv 1(\bmod 36)$,$s=\langle(19-31\cdot 15)25\rangle_{36}=10$, 数组$\{15,10\}$ 表示 A 对消息 19 的签名,由于$\langle 15^{10}\cdot 22^{15}\rangle_{37}=35=\langle 2^{19}\rangle_{37}$,故签名有效.

EIGamal 公钥密码体制能在计算离散对数困难的任何群中实现. 前面,我们介绍的体制是在有限域 F_p 的乘群 F_p^* 中实现的. 实际上,还可在一般的有限群 F_q 的乘群 F_q^* 和 F_q 上的圆锥曲线群或椭圆曲线群上实现,这里 $q=p^l$,$l\geqslant 1$,p 是一个素数. 有兴趣的读者可参阅朱文余,孙琦编的《计算机密码应用基础》.

§10 k 次剩余

设 $k>1$,$m>1$,二项同余式

$$x^k\equiv n(\bmod m),(n,m)=1. \tag{1}$$

我们有以下的定义.

定义 若(1) 有解,则 n 叫做模数 m 的 **k 次剩余**;若(1) 无解,

则 n 叫做模数 m 的 **k 次非剩余**.

设 $m = p_1^{\alpha_1}\cdots p_l^{\alpha_l}$ 是 m 的标准分解式，则由第二章 § 6 定理 3 知，n 是模数 m 的 k 次剩余的充分必要条件是 n 是每一个模数 $p_i^{\alpha_i}(i = 1,\cdots,l)$ 的 k 次剩余. 因此，我们只需讨论 $m = p^{\alpha}$ 的情形，这里 $\alpha \geqslant 1$，p 是素数. 而本节着重讨论 p 是奇素数的情形，对于 $p = 2$ 的情形，我们作为习题留给读者.

和二次剩余一样，如果 n 是模数 p^{α} 的 k 次剩余，$n \equiv n_1 \pmod{p^{\alpha}}$，那么 n_1 也是模数 p^{α} 的 k 次剩余，因此，当我们提到 k 次剩余的个数时，是指对模数 p^{α} 不同余的个数.

定理 1 设 p 是一个奇素数，$\alpha > 0$，则有 $\varphi(p^{\alpha})/(\varphi(p^{\alpha}),k)$ 个模数 p^{α} 的 k 次剩余.

证 设 g 是 p^{α} 的一个原根，由 § 6 定理 2 知同余式

$$x^k \equiv n \pmod{p^{\alpha}},\ p \nmid n \tag{2}$$

有解的充分必要条件是 $d = (k,\varphi(p^{\alpha})) \mid \mathrm{ind}_g n$. 于是 $\mathrm{ind}_g n = d$，$2d,\cdots,\frac{\varphi(p^{\alpha})}{d}\cdot d$，即

$$g^d, g^{2d}, \cdots, g^{\frac{\varphi(p^{\alpha})}{d}\cdot d} \tag{3}$$

是模数 p^{α} 的全部 k 次剩余，这是因为(3) 中的数对模数 p^{α} 互不同余，且任一 k 次剩余与(3) 中的一个数模数 p^{α} 同余. 证完

推论 1 设 p 是一个奇素数，则有 $\frac{p-1}{(p-1,k)}$ 个模数 p 的 k 次剩余.

定理 2 设 p 是一个奇素数，$p \nmid k$，则对所有的 α，当 n 是模数 p 的 k 次剩余时，(2) 恰有 $(p-1,k)$ 个解；n 是模数 p 的 k 次非剩余时，(2) 没有解.

证 由 § 6 定理 2 知，n 是模数 p 的 k 次剩余时，$(k,p-1) \mid \mathrm{ind}_g n$，且 $x^k \equiv n \pmod{p}$ $(p \nmid n)$ 恰有 $(k,p-1)$ 个解. 由于 $p \nmid k$. 故 $(k,\varphi(p^{\alpha})) = (k,p-1)$，取 g 为 p 和 p^{α} 的公共原根，故 $(k,\varphi(p^{\alpha})) \mid \mathrm{ind}_g n$，即(2) 恰有 $(k,p-1)$ 个解. 当 n 是模数 p 的 k 次

非剩余时，显然，(2) 无解. 证完

定理3 设 p 是一个奇素数，$(k,\varphi(p^\alpha))=d$，则 n 是 p^α 的 k 次剩余的充分必要条件是 n 是 p^α 的 d 次剩余.

证 如果 n 是 p^α 的 k 次剩余，则 $(k,\varphi(p^\alpha))=d\mid \text{ind}\, n$，而 $(d,\varphi(p^\alpha))=d$，故 n 是 p^α 的 d 次剩余. 反之也真. 证完

我们有下面的定义.

定义 设 $(k,\varphi(p^\alpha))=d$. 当 $d=k$ 时，把模数 p^α 的 k 次剩余叫做**真 k 次余剩**. 当 $d<k$ 时，把模数 p^α 的 k 次剩余叫做**非真 k 次剩余**.

非真 k 次剩余，可归结为真 d 次剩余来讨论. 因此，今后我们只需讨论 p^α 的真 k 次剩余，即假设，总有 $k\mid\varphi(p^\alpha)$.

现在我们将指出，对于模数 p^α 的真 k 次剩余的研究，可化为模数 p 的真 k 次剩余的研究.

定义 设 $A=\{a_1,\cdots,a_t\}$，$B=\{b_1,\cdots,b_s\}$ 是两个整数集，则记

$$A\oplus B=\{a_i+b_j, i=1,\cdots,t, j=1,\cdots,s\}.$$

设 $R_k(m)$ 代表由 $1,\cdots,m$ 中全体模数 m 的 k 次剩余组成的集.

我们有下面的定理.

定理4 设 p 是一个奇素数，且 $(k,p)=1$，则对于 $\alpha>1$，

$$R_k(p^\alpha)=R_k(p)\oplus\{tp\mid 0\leqslant t\leqslant p^{\alpha-1}-1\}. \tag{4}$$

证 设 r 是 $R_k(p)$ 中的一个数，则 $r, r+p,\cdots,r+(p^{\alpha-1}-1)p$ 给出了 $(0,p^\alpha)$ 中全体与 r 模数 p 同余的 p 的 k 次剩余. 因为每一个模数 p^α 的 k 次剩余，也是模数 p 的 k 次剩余. 故有

$$R_k(p^\alpha)\subseteq R_k(p)\oplus\{tp\mid 0\leqslant t\leqslant p^{\alpha-1}-1\}. \tag{5}$$

因为(5)的右端的集，共含有 $\dfrac{p-1}{(p-1,k)}\cdot p^{\alpha-1}$ 个数，因为 $k\mid\varphi(p^\alpha)$，$(k,p)=1$，故 $k\mid p-1$，于是有

$$\frac{p-1}{(p-1,k)}\cdot p^{\alpha-1}=\frac{\varphi(p^\alpha)}{k},$$

即(5)的右端含有$\frac{\varphi(p^\alpha)}{k}$个数,而$R_k(p^\alpha)$也含$\frac{\varphi(p^\alpha)}{k}$个数,故(4)成立.

定理4告诉我们,在$(k,p)=1$时,对任一个$\alpha>1$,求p^α的全部k次剩余,只需求出p的全部真k次剩余就行了.对于$(k,p)>1$的情形,我们有

定理5 设$k=p^{\alpha-1}q,\alpha>1,q\mid p-1$,则对于$u>\alpha$,有

$$R_k(p^u)=R_k(p^\alpha)\oplus\{tp^\alpha\mid 0\leqslant t\leqslant p^{u-\alpha}-1\}. \tag{6}$$

证 类似定理4的证明,我们有

$$R_k(p^u)\subseteq R_k(p^\alpha)\oplus\{tp^\alpha\mid 0\leqslant t\leqslant p^{u-\alpha}-1\}, \tag{7}$$

而(7)的右端含有

$$\frac{\varphi(p^\alpha)}{(k,p^{\alpha-1}(p-1))}\cdot p^{u-\alpha}$$

个数,而$k=p^{\alpha-1}q,q\mid p-1$,即含有$\frac{\varphi(p^u)}{k}$个数.而$R_k(p^u)$中也含有$\frac{\varphi(p^u)}{k}$个数,故(6)成立. 证完

定理5是定理4的推广,它指出当$k=p^{\alpha-1}q,q\mid p-1$时,求出$p^u(u>\alpha)$的全部$k$次剩余,只需求出$p^\alpha$的全部$k$次剩余就行了.

定理6 设p是一个奇素数,$k=p^{\alpha-1}q,q\mid p-1$,则$p^\alpha$的$k$次剩余由$p$的$q$次剩余的$p^{\alpha-1}$次方给出.

证 设g是p^α的一个原根,p^α的全部k次剩余是

$$g^k,g^{2k},\cdots,g^{\varphi(p^\alpha)}.$$

不妨设,g也是p的原根,故p的全部q次剩余是

$$g^q,g^{2q},\cdots,g^{\varphi(p)},$$

故有

$$g^{tq\cdot p^{\alpha-1}}=g^{tk}\quad(t=1,2,\cdots,\frac{\varphi(p)}{q}).$$ 证完

对于模数p^α的k次剩余,因为我们总假设$k\mid\varphi(p^\alpha)$,故在$(k,p)>1$时,可设$k=p^{e-1}q,e\leqslant\alpha,q\mid p-1$,故由定理5和定理6,我们只需

求出模数 p 的 q 次剩余就行了. 综上所述,无论 $(k,p)=1$ 或 $(k,p)>1$, 下面我们只需讨论模数 p 的真 k 次剩余的情形,这里 p 是一个奇素数.

§ 11　k 次剩余符号 $\left(\frac{n}{p}\right)_k$

在给出 k 次剩余符号之前,我们先证明几个定理. 设 p 是一个奇素数, $k\mid p-1, p-1=kq$.

定理 1　n 是模数 p 的一个 k 次剩余的充分必要条件是

$$n^q \equiv 1 \pmod p.$$

证　设 n 是模数 p 的一个 k 次剩余, 则存在整数 x, $(x,p)=1$, 满足

$$x^k \equiv n \pmod p, (n,p)=1,$$

故

$$n^q \equiv x^{qk} = x^{p-1} \equiv 1 \pmod p.$$

反之,设

$$n^q \equiv 1 \pmod p,$$

g 是 p 的一个原根,则有

$$q\operatorname{ind}_g n \equiv 0 \pmod{(p-1)},$$

即

$$\operatorname{ind}_g n \equiv 0 \left(\bmod \frac{p-1}{q}\right),$$

因此 $k\mid \operatorname{ind}_g n$, 即 n 是模数 p 的一个 k 次剩余.　证完

定理 2　设 $(p,n)=1$, 则

$$\sum_{j=0}^{k-1} n^{jq} \equiv \begin{cases} k \pmod p, & \text{若 } n \text{ 是模数 } p \text{ 的 } k \text{ 次剩余}, \\ 0 \pmod p, & \text{若 } n \text{ 是模数 } p \text{ 的 } k \text{ 次非剩余}. \end{cases}$$

证　因为 $(n,p)=1$, 我们有

$$n^{p-1}-1 \equiv 0 \pmod p,$$

即得

$$(n^q-1)(1+n^q+n^{2q}+\cdots+n^{(k-1)q})\equiv 0(\mathrm{mod}\ p).\quad (1)$$

由定理 1,如果 n 是模数 p 的一个 k 次剩余,则有

$$\sum_{j=0}^{k-1} n^{jq}\equiv k(\mathrm{mod}\ p).$$

如果 n 是模数 p 的一个 k 次非剩余,由(1) 得

$$\sum_{j=0}^{k-1} n^{jq}\equiv 0(\mathrm{mod}\ p).$$ 证完

在二次剩余理论中,我们曾引入勒让德符号$\left(\frac{n}{p}\right)$,并证明了$\left(\frac{n}{p}\right)\equiv n^{\frac{p-1}{2}}(\mathrm{mod}\ p)$. 这里,我们引入 k 次剩余符号的定义.

定义 设 $k>1$, p 是一个奇素数, $k\mid p-1$, $q=\frac{p-1}{k}$,符号

$$\left(\frac{n}{p}\right)_k=n^q \mathrm{mod}\ p,$$

叫做模数 p 的 ***k* 次剩余符号**,这里 $n^q \mathrm{mod}\ p$ 表示 n^q 模数 p 的绝对最小剩余(模数 p 的绝对最小剩余组成的完全剩余系是指:$-\frac{p-1}{2},\cdots,-1,0,1,\cdots,\frac{p-1}{2}$).

对于符号$\left(\frac{n}{p}\right)_k$有以下简单性质.

① $p\mid n$ 时,$\left(\frac{n}{p}\right)_k=0$;

② $n\equiv n_1(\mathrm{mod}\ p)$ 时,则有$\left(\frac{n}{p}\right)_k=\left(\frac{n_1}{p}\right)_k$.

这是因为

$\left(\frac{n}{p}\right)_k\equiv n^q\equiv n_1^q\equiv\left(\frac{n_1}{p}\right)_k(\mathrm{mod}\ p)$,故有$\left(\frac{n}{p}\right)_k=\left(\frac{n_1}{p}\right)_k$;

③ 对任意的整数 n_1,n_2,有$\left(\frac{n_1n_2}{p}\right)_k\equiv\left(\frac{n_1}{p}\right)_k\left(\frac{n_2}{p}\right)_k(\mathrm{mod}\ p)$;

④ 如 $\mathrm{ind}_g n\equiv a(\mathrm{mod}\ k)$, $0\leqslant a<k$,则$\left(\frac{n}{p}\right)_k\equiv g^{aq}(\mathrm{mod}\ p)$.

这是因为 $\left(\frac{n}{p}\right)_k \equiv n^q \equiv g^{(\mathrm{ind}_g n)q} \equiv g^{aq}$，故有此结论；

⑤ n 是模数 p 的 k 次剩余的充分必要条件是 $\left(\frac{n}{p}\right)_k = 1$；

⑥ 设 $n = p_1^{\alpha_1} \cdots p_l^{\alpha_l}$ 是 n 的标准分解式，则有

$$\left(\frac{n}{p}\right)_k \equiv \left(\frac{p_1}{p}\right)_k^{\alpha_1} \cdots \left(\frac{p_l}{p}\right)_k^{\alpha_l} \pmod{p}.$$

不妨假设 $n < p$，那么只要对每一个小于 p 的素数 p_j，$\left(\frac{p_j}{p}\right)_k$ 的值都知道，$\left(\frac{n}{p}\right)_k$ 的值就不难求出了. 值得注意的是，$k = 2$ 时，$\left(\frac{n}{p}\right)_k$ 就是通常的勒让德符号，但在 $k > 2$ 时，性质③表明 k 次剩余符号不具备勒让德符号的性质：$\left(\frac{n_1 n_2}{p}\right) = \left(\frac{n_1}{p}\right)\left(\frac{n_2}{p}\right)$.

例　设 $p = 19$，$k = 3$，$q = 16$，于是

$$\left(\frac{-1}{19}\right)_3 = \left(\frac{1}{19}\right)_3 = 1;$$

$$\left(\frac{2}{19}\right)_3 = 7;$$

$$\left(\frac{3}{19}\right)_3 = \left(\frac{-16}{19}\right)_3 \equiv \left(\frac{-1}{19}\right)_3 \left(\frac{16}{19}\right)_3 \equiv \left(\frac{-1}{19}\right)_3 \left(\frac{2}{19}\right)_3^4$$

$$= \left(\frac{2}{19}\right)_3 = 7;$$

$$\left(\frac{5}{19}\right)_3 = \left(\frac{24}{19}\right)_3 \equiv \left(\frac{2}{19}\right)_3^3 \left(\frac{3}{19}\right)_3 = \left(\frac{3}{19}\right)_3 = 7;$$

$$\left(\frac{7}{19}\right)_3 = \left(\frac{45}{19}\right) \equiv \left(\frac{3}{19}\right)_3^2 \left(\frac{5}{19}\right)_3 = 7^3 \equiv 1;$$

$$\left(\frac{11}{19}\right)_3 = \left(\frac{30}{19}\right)_3 \equiv \left(\frac{2}{19}\right)_3 \left(\frac{3}{19}\right)_3 \left(\frac{5}{19}\right)_3 = 7^3 \equiv 1;$$

$$\left(\frac{13}{19}\right)_3 = \left(\frac{32}{19}\right)_3 \equiv \left(\frac{2}{19}\right)_3^2 = -8;$$

$$\left(\frac{17}{19}\right)_3 = \left(\frac{-2}{19}\right)_3 \equiv \left(\frac{-1}{19}\right)_3 \left(\frac{2}{19}\right)_3 = 7.$$

以上同余式都是取模数 19.

由以上计算知,1,7,8,11,12,18 是模数 19 的六个三次剩余.

对于给定的 p 和 n,计算 $\left(\frac{n}{p}\right)_k$ 是并不困难的. 但是,当 $k>2$ 时,对于给定的 n,$\left(\frac{n}{p}\right)_k=1$,求 p 是什么形状的奇素数是一个困难的问题,也是我们感兴趣的问题. 下面,给出 $\left(\frac{2}{p}\right)_4=1$ 时,p 的形状.

定理 3 设 $p\equiv 1 \pmod 8$,$p=m_1^2+m_2^2$,$4\mid m_1$,则

$$\left(\frac{2}{p}\right)_4=(-1)^{\frac{m_1}{4}}.$$

证 显然,$(m_1,m_2)=1$,故有 j 使得 $m_1\equiv jm_2 \pmod p$,由此可得 $m_1^2\equiv j^2m_2^2 \pmod p$,$p\equiv (j^2+1)m_2^2 \pmod p$,$j^2+1\equiv 0 \pmod p$,于是 $(j+1)^2\equiv 2j \pmod p$,以及

$$j^{\frac{p-1}{4}}\equiv j^{2\frac{p-1}{8}}\equiv(-1)^{\frac{p-1}{8}} \pmod p,$$

故有

$$2^{\frac{p-1}{4}}j^{\frac{p-1}{4}}=(2j)^{\frac{p-1}{4}}\equiv(j+1)^{\frac{p-1}{2}}\equiv\left(\frac{j+1}{p}\right) \pmod p,$$

$$2^{\frac{p-1}{4}}(-1)^{\frac{p-1}{8}}\equiv\left(\frac{j+1}{p}\right) \pmod p, \tag{2}$$

而 $(m_1+m_2)^2+(m_1-m_2)^2=2p$,故 $\left(\frac{2p}{m_1+m_2}\right)=1$,由此得

$$\begin{aligned}\left(\frac{2}{m_1+m_2}\right)=\left(\frac{p}{m_1+m_2}\right)&=\left(\frac{m_1+m_2}{p}\right)\\&=\left(\frac{j+1}{p}\right)\left(\frac{m_2}{p}\right)\\&=\left(\frac{j+1}{p}\right)\left(\frac{p}{m_2}\right)=\left(\frac{j+1}{p}\right).\end{aligned}$$

代入(2)得

$$2^{\frac{p-1}{4}}\equiv\left(\frac{2}{m_1+m_2}\right)(-1)^{\frac{p-1}{8}}$$

$$= (-1)^{\frac{(m_1+m_2)^2-1+p-1}{8}} \pmod p,$$

由于$\dfrac{(m_1+m_2)^2-2+p}{8} \equiv \dfrac{m_1m_2}{4} \pmod 2$,故上式得出

$$\left(\frac{2}{p}\right)_4 \equiv 2^{\frac{p-1}{4}} \equiv (-1)^{\frac{m_1m_2}{4}} = (-1)^{\frac{m_1}{4}} \pmod p,$$

故得

$$\left(\frac{2}{p}\right)_4 = (-1)^{\frac{m_1}{4}}.$$

证完

最后我们指出:设 $p = 2qk + 1$ 是一个素数,则 n 是模数 p 的 $2k$ 次剩余的充分必要条件是$\left(\dfrac{n}{p}\right)_{2k} = 1$. 如果,设$\left(\dfrac{n}{p}\right)_k = 1$,则 n 是模数 p 的 $2k$ 次非剩余的充分必要条件是$\left(\dfrac{2}{p}\right)_{2k} = -1$(留作习题).

第五章 习 题

1. 证明:m 是一个素数的充分必要条件是存在某个整数 a,a 对模数 m 的次数为 $m-1$.

2. 设 g 是奇素数 p 的一个原根,证明:当 $p \equiv 1 \pmod 4$ 时,$-g$ 也是 p 的一个原根;当 $p \equiv 3 \pmod 4$ 时,$-g$ 对 p 的次数为$\dfrac{p-1}{2}$.

3. 证明:若 p 是 $2^n + 1\,(n > 1)$ 形的一个素数,则 3 是 p 的一个原根.

4. 证明:若 p 是 $4q+1$ 形(q 是一个素数)的素数,则 2 是 p 的一个原根.

5. 设 $m > 2$,m 有原根存在,整数 a 满足 $(a,m) = 1$. 如果存在整数 x 使 $x^2 \equiv a \pmod m$,我们记为 aRm. 证明:

① aRm 的充分必要条件是 $a^{\frac{\varphi(m)}{2}} \equiv 1 \pmod m$;

② 若 aRm,则同余式 $x^2 \equiv a \pmod m$ 恰有两个解;

③ 恰有$\dfrac{\varphi(m)}{2}$个整数 a,对模数 m 互不同余,使得 $(a,m) = 1$,aRm.

6. 设 $m > 2$,$(a,m) = 1$,aRm. 证明同余式 $x^2 \equiv a \pmod m$ 恰有两个解的充分必要条件是 m 有一个原根.

7. 设 p 是一个奇素数，$n>1$，$S_n(p)=\sum\limits_{k=1}^{p-1}k^n$，证明

$$S_n(p)\equiv\begin{cases}0(\mathrm{mod}\ p), & 若\ n\not\equiv 0(\mathrm{mod}\ p-1),\\ -1(\mathrm{mod}\ p), & 若\ n\equiv 0(\mathrm{mod}\ p-1).\end{cases}$$

8. 证明：若 $p>3$ 是一个奇素数，则模数 p 的 $\varphi(p-1)$ 个原根的乘积 $\equiv 1(\mathrm{mod}\ p)$.

*9. 证明：若 $n>1$，则

$$n\nmid 2^n-1.$$

10. 证明：若 $n>1$，$m>1$ 满足

$$1^n+2^n+\cdots+m^n=(m+1)^n,$$

则有

① p 是 m 的任一素因素时，$p-1\mid n$；

② $m=p_1\cdots p_s$，$p_i\neq p_j\quad(i\neq j)$ 是素数，且有

$$\frac{m}{p_i}+1\equiv 0(\mathrm{mod}\ p_i)(i=1,\cdots,s).$$

11. 证明：设 $n=2^h+1$，$h>1$，则 n 是素数的充分必要条件是

$$3^{\frac{n-1}{2}}\equiv -1(\mathrm{mod}\ n).$$

12. 设 p 是一个奇素数，求同余式

$$x^{p-1}\equiv 1(\mathrm{mod}\ p^s),s\geqslant 1$$

的全部解.

13. 求出 41^2 的一个原根.

14. 证明：如果素数 $p=2^\lambda+1$，$\left(\dfrac{a}{p}\right)=-1$，则 a 是 p 的一个原根.

15. 证明：对于 $a>1$，$n>0$，有 $n\mid\varphi(a^n-1)$.

16. 证明 7 是形如 $2^{4n}+1(n>0)$ 的素数的原根.

17. 证明：若 p 是奇素数，$2p+1$ 也是一个素数，当 $p\equiv 1(\mathrm{mod}\ 4)$ 时，则 $2p+1$ 有原根 2；当 $p\equiv 3(\mathrm{mod}\ 4)$ 时，$2p+1$ 有原根 -2.

18. 证明：如果 a 对奇素数 p 的次数是奇数，则同余式 $a^x+1\equiv 0(\mathrm{mod}\ p)$ 没有解.

19. 素数 71 有一个原根 7，求出 71 的所有原根以及求出 71^2 和 $2\cdot 71^2$ 的一个原根.

20. 用指数表解下列同余式：

① $8x \equiv 7 \pmod{43}$；

② $x^8 \equiv 17 \pmod{43}$；

③ $8^x \equiv 3 \pmod{43}$.

21. 用指数表求出下列同余式解的个数：

① $x^{55} \equiv 17 \pmod{97}$；

② $x^{16} \equiv 46 \pmod{97}$；

③ $7x^7 \equiv 11 \pmod{41}$；

④ $5x^{30} \equiv 37 \pmod{41}$.

22. 在与模数 61 互素的剩余系中指出：

① 对模数 61 次数为 10 的数；

② 61 的全部原根.

*23. 证明 3 是下列形式素数的原根：

$$2^n p + 1, n > 1, p > \frac{3^{2^{n-1}}}{2^n}, p \text{ 是奇素数.}$$

24. 设 p 是奇素数，$a > 1$，证明：

① $q \mid a^p - 1$，q 是奇素数，则 $q \mid a - 1$ 或 $q \equiv 1 \pmod{2p}$；

② $q \mid a^p + 1$，q 是奇素数，则 $q \mid a + 1$ 或 $q \equiv 1 \pmod{2p}$.

25. 用本章 §4 定理 2 后面介绍的方法求出 37 和 73 的全部原根.

26. 求出 17 和 19 的三次剩余的个数.

27. 证明：若 $p \equiv 5 \pmod{6}$ 是一个素数，则任一与 p 互素的整数是模数 p 的 3 次剩余.

28. 已知 13 的一个原根 2，求出 13 的 3 次剩余和 4 次剩余.

29. 证明整数 $x^4 + 1$ 没有形如 $8t + 5$ 的素因子.

30. 求出 17 和 17^2 的四次剩余.

31. 求出 53^2 的 26 次剩余.

32. 证明：设 $\alpha \geqslant 3$，当 $2 \nmid k$ 时，2^α 的 k 次剩余的个数是 $2^{\alpha-1}$；当 $2 \mid k$ 时，2^α 的 k 次剩余的个数是 $\dfrac{2^{\alpha-2}}{(k, 2^{\alpha-2})}$.

33. 证明：若 $k = 2^b$，$\alpha \geqslant 3$，则 2^α 的 k 次剩余由下式给出：

$$R_{2^b}(2^\alpha) = \begin{cases} \{1\}, \text{若 } b \geqslant \alpha - 2 \geqslant 1, \\ \{1 + j2^{b+2} : 0 \leqslant j \leqslant 2^{\alpha-b-2} - 1\}, \text{若 } 1 \leqslant b < \alpha - 2. \end{cases}$$

34. 证明：若 p 是一个素数，则同余式 $x^8 \equiv 16 \pmod{p}$ 有解.

35. 证明$\left(\frac{2}{73}\right)_8=1$.

36. 证明同余式$x^4\equiv 4 \pmod{37}$和同余式$x^4\equiv 37 \pmod{41}$之中至少有一个有解.

37. 证明:设$p=2qk+1$是一个奇素数,$\left(\frac{n}{p}\right)_k=1$,则$n$是模数$p$的$2k$次非剩余的充分必要条件是

$$\left(\frac{n}{p}\right)_{2k}=-1.$$

第六章　素性判别和整数分解

判别给定的正整数是否素数(简称素性判别)和将给定的正整数分解成素因子乘积(简称整数分解)是数论中一个基本而古老的问题,对它的研究,不仅具有很大的理论意义,而且由于近代密码学的需要,更具有重要的应用价值.本章将介绍素性判别和整数分解的一些方法.

§1　关于算法及其计算量

素数是数论中最古老的概念之一.早在公元前4世纪古希腊数学家欧几里得就已证明了素数有无限多个(参见第一章 §5节定理1).然而,素数分布的规律极为复杂.在高斯那个时代,即使对一个十位数的整数来作素性判别都很困难,因为那时没有计算机,常常因为计算量太大而无法判别.50年代,电子计算机的诞生,大大促进了这方面的发展.因此,素性判别和整数分解和计算工具密切相关.如何比较素性判别或整数分解中各种方法的优劣呢?这就需要对它们提供的算法进行比较.粗略地说,算法的好否与其计算量的大小密切相关,计算量小的算法自然比计算量大的算法好.那么,一个算法的计算量如何定义呢?这里,我们只准备给出其大意(有关精确的描述,读者可参看计算数论的专著或有关书籍),一个算法在对问题的某个输入解答所执行的基本运算次数,称为算法对此输入执行的计算量,而算法对不同的输入执行的计算量一般是不同的.对于输入需要给个度量,这就是所谓输入尺寸.这样一来,计算量可以描述为输入尺寸的函数.在数论问题中,输入一般是一个正整数n,则定义其输入尺寸为n的二进制表示的位数，即$[\log_2 n]+1$，有时也将$\log_2 n$作为输入尺寸.在给出某些算法的计算量时，常常用到记号O.我们引入以下的定义.

定义 设$f(x)$和$g(x)$是两个函数，如果存在常数c和x_0，使得对于所有$x \geqslant x_0$，有$|f(x)| \leqslant cg(x)$，则记$f(x)=O(g(x))$.

例 设$f(n)=n^2+n+2$，由于$n \geqslant 3$，$|f(n)| \leqslant 2n^2$，故$f(n)=O(n^2)$.一般地，设$f_1(n)$是一个d次多项式，则有$f_1(n)=O(n^d)$.

从理论上讲，如果一个算法的计算量(也叫算法的计算复杂度)是输入尺寸的多项式函数，叫做**多项式算法**.到目前为止，仍然没有一个素性判别的多项式算法.换言之，没有一个素性判别的算法，它对n执行时的计算量是$O(P(\log_2 n))$，其中$P(x)$是多项式函数.

在第一章§5，我们介绍了厄拉多塞筛法，它基于这样一个简单的性质：如果n是合数，则n必为一不大于$\sqrt{n}$的素数所整除.因此，对于$n>1$，要判别n是否素数，只要用不大于$\sqrt{n}$的所有素数去试除n，如果其中有一个素数整除n，则n是合数，否则n是素数，以上描述的算法是最简单的素性判别法，叫做**试除法**.

下面，我们不加证明的给出有关带余除法的一个结果.

引理 用通常的除法算法作两个不超过n的数的带余除法时，其计算量为$O(\log_2^2 n)$.

由此引理，我们便得到

定理1 设$n>1$，用试除法判别给定的整数n是否素数的计算量是$O(\sqrt{n}\log_2^2 n)$.

可见，当n大时，这个算法计算量很大.显然，它不是一个多项式算法.

定理2 用欧几里得算法求$m,n(m>n)$的最大公因数的计算量是$O(\log_2^3 m)$.

证 由第一章的习题38，我们知道求出(m,n)的带余除法次

数 $\leqslant 5\log_{10}n = O(\log_2 n)$，再由引理知，每次带余除法的计算量是 $O(\log_2^2 m)$，而 $n < m$，故用欧几里得算法求 m,n 的最大公因数的计算量是 $O(\log_2^3 m)$. 证完

定理 2 告诉我们计算(m,n)的欧几里得算法是多项式算法. 这也表明计算两个正整数的最大公因数的问题是 P 问题，即这个问题存在多项式算法. 然而素性判定是否 P 问题，是一个没有解决的公开问题.

§2 伪素数和素性判别

16 世纪，费马证明了：如果 p 是素数，则对任意的整数 a，有 $a^p \equiv a \pmod p$，通常叫做费马小定理，我们在第二章 §3 中定理 5 已经介绍过的. 那么，反过来是否对呢？例如，设 $n > 1$，$2^n \equiv 2 \pmod n$，则 n 是素数吗？如果回答是肯定的，判别 n 是否素数，只要验证 $2^n \equiv 2 \pmod n$ 是否成立. 已经知道其计算量是 $O(\log_2^3 n)$，这就有了素性判别的多项式算法. 很不幸，这个结果是不正确的. 19 世纪，一位法国数学家指出 $2^{341} \equiv 2 \pmod{341}$，但 $341 = 11 \cdot 13$. 自此以后，人们发现了许多具有不同底值 a 的反例，如 $3^{91} \equiv 3 \pmod{91}$，但 $91 = 7 \cdot 13$，$4^{15} \equiv 4 \pmod{15}$ 但 $15 = 3 \cdot 5$ 等等. 事实上，对任意的 a，都有这样的反例，而且有无限多个，我们将证明这一点. 在此之前，我们先给出伪素数的定义.

定义 如果一个合数 n 满足

$$2^n \equiv 2 \pmod n,$$

则称 n 是一个底为 2 的**伪素数**.

定理 1 如果 n 是一个底为 2 的伪素数，则 $2^n - 1$ 也是一个底为 2 的伪素数. 因此，有无限多个底为 2 的伪素数.

证 设 $n' = 2^n - 1$，因为 $2^n \equiv 2 \pmod n$，故 $n \mid n' - 1$，令 $n' - 1 = nk$，我们有

$$2^{n'-1} = 2^{nk} - 1 = (2^n - 1)(2^{n(k-1)} + \cdots + 2^n + 1)$$

$$= n'(2^{n(k-1)} + \cdots + 2^n + 1),$$

故 $n' \mid 2^{n'-1} - 1$，即 $2^{n'} \equiv 2 \pmod{n'}$，又因 n 是合数，故 n' 是合数，故 n' 是一个底为 2 的伪素数. 证完

定义 设整数 $a > 1$，如果一个合数 n 满足

$$a^n \equiv a \pmod{n},$$

则称 n 是一个底为 a 的伪素数.

定理 2 对每一个整数 $a > 1$，均有无限多个底为 a 的伪素数.

证 给定 $a > 1$，设奇素数 $p \nmid a(a^2 - 1)$，令 $n = \dfrac{a^{2p} - 1}{a^2 - 1} = \dfrac{a^p - 1}{a - 1} \cdot \dfrac{a^p + 1}{a + 1}$，则 n 是一个合数. 下面我们来证明 n 是底为 a 的伪素数. 我们有

$$(a^2 - 1)(n - 1) = a^{2p} - a^2 = a(a^{p-1} - 1)(a^p + a). \quad (1)$$

又 $2 \mid a^p + a$，$p \mid a^{p-1} - 1$，$a^2 - 1 \mid a^{p-1} - 1$，$p \nmid a^2 - 1$，故 $p(a^2 - 1) \mid a^{p-1} - 1$，由(1)得

$$2p(a^2 - 1) \mid (a^2 - 1)(n - 1), \quad (2)$$

再由(2)得 $2p \mid n - 1$，令 $n = 1 + 2pm$，由 $a^{2p} = n(a^2 - 1) + 1 \equiv 1 \pmod{n}$，故 $a^{n-1} = a^{2pm} \equiv 1 \pmod{n}$，即 $a^n \equiv a \pmod{n}$，因此 n 是底为 a 的伪素数. 由于对每一个 $a > 1$，满足 $p \nmid a(a^2 - 1)$ 的奇素数 p 有无限多个，故以上作出的 $n = \dfrac{a^{2p} - 1}{a^2 - 1}$ 也有无限多个，因此，以 a 为底的伪素数有无限多个. 证完

以 a 为底的伪素数虽然有无限多个，但在某一个区间内，比素数少得多. 例如，小于 10^9 的素数有 50 847 534 个，但仅有 5 597 个以 2 为底的伪素数. 因此，如果正整数 $n < 10^9$，满足 $2^n \equiv 2 \pmod{n}$，它是素数的可能性非常大，也就是说，n 是素数这一断言，出错的概率很小，仅为 $5\,597/(50\,847\,534 + 5\,597) \approx 0.000\,1$，即约为万分之一. 不过，这样的结果，实际用来作素性判别时，用处不大，尽管出错的概率很小，但它毕竟会出错的.

已知有 685 个小于 10^9 的伪素数 n，同时满足

$$2^n \equiv 2 \pmod n, 3^n \equiv 3 \pmod n, 5^n \equiv 5 \pmod n. \qquad (3)$$

如果我们列出这 685 个伪素数，对于 10^9 以下的正整数，可以得到一个非常简单的伪素数素性判别方法.

设 $1 < n < 10^9$，代入(3)中计算，如果 n 不满足(3)，则 n 是合数；如果 n 满足(3)且不是 685 个伪素数中的一个，则 n 是素数.

显然，这样的素性判别方法局限性很大，因为它需要事先求出一定范围内的伪素数.

令人惊奇的是，存在这样的合数 n，对任意的正整数 a 满足 $(a,n)=1$，$a>1$，n 都是底为 a 的伪素数，这样的数叫卡米歇尔(Carmichael)数.

例 561 是卡米歇尔数.

因为 $561 = 3 \cdot 11 \cdot 17$，如果 $(a,561)=1$，则 $(a,3)=(a,11)=(a,17)=1$，由费马小定理知，$a^2 \equiv 1 \pmod 3$，$a^{10} \equiv 1 \pmod{11}$，$a^{16} \equiv 1 \pmod{17}$，由于 $[2,10,16]=80$，故 $a^{80} \equiv 1 \pmod 3$，$a^{80} \equiv 1 \pmod{11}$，$a^{80} \equiv 1 \pmod{17}$，即得 $a^{80} \equiv 1 \pmod{561}$，故 $a^{560}=(a^{80})^7 \equiv 1 \pmod{561}$. 所以 561 是卡米歇尔数.

定理 3 n 是卡米歇尔数的充分必要条件是：

① n 无平方因子；

② n 的每一个素因子 p，有 $p-1 \mid n-1$；

③ n 是奇数且至少有三个不同的素因子.

证 必要性的证明：设 n 是卡米歇尔数，令 $n=p_1^{u_1}\cdots p_k^{u_k}$，其中 $u_i \geqslant 1$，$i=1,\cdots,k$. 先证 n 是奇数，如果 n 是偶数且含一个奇素因子 p，这时取 p 的原根 g 满足 $(g,n)=1$，则由 $g^{n-1} \equiv 1 \pmod n$ 可得 $g^{n-1} \equiv 1 \pmod p$，故 $p-1 \mid n-1$，因为 $p-1$ 是偶数，$n-1$ 是奇数，此不可能. 若 $n=2^t$，不妨设 $t \geqslant 3$，取 $a=5$，由第五章 §7 定理 1 知 5 对模数 2^t 的次数为 2^{t-2}，与 $5^{2^t-1} \equiv 1 \pmod{2^t}$ 矛盾. 这就证明了 n 必是奇数，因而 p_i 是奇素数，$i=1,\cdots,k$，设 g_i 是模数 $p_i^{u_i}$ 的原根，由孙子剩余定理可求得一个正整数 a 满足 $a \equiv$

$g_i \pmod{p_i^{u_i}}$，$i=1,\cdots,k$，故$(a,n)=1$，$a^{n-1}\equiv 1 \pmod n$，我们有$a^{n-1}\equiv g_i^{n-1}\equiv 1 \pmod{p_i^{u_i}}$. 由原根的定义可得$\varphi(p_i^{u_i})=p_i^{u_i-1}(p_i-1)\mid n-1$，$i=1,\cdots,k$，故条件①和②得证. 由$n$是合数，$k<3$时，只能有$k=2$，$n=p_1p_2(p_1\neq p_2)$，由于$p_1-1\mid p_1p_2-1=(p_1-1)p_2+p_2-1$，故得$p_1-1\mid p_2-1$. 同理可得$p_2-1\mid p_1-1$，推出$p_1=p_2$，与所设不符，即知$k\geqslant 3$，加上前面已证$n$为奇，故③成立.

现证充分性：设n满足条件①、②、③，设$n=p_1\cdots p_k$，$(k\geqslant 3)$，$p_1,\cdots,p_k$是互不相同的奇素数. 现对任意的$a>1$，$(a,n)=1$，则$(a,p_i)=1$，由费马小定理知$a^{p_i-1}\equiv 1 \pmod{p_i}$，$i=1,\cdots,k$，而由条件②知$[p_1-1,\cdots,p_k-1]\mid n-1$，故$a^{n-1}\equiv 1 \pmod{p_i}$，$i=1,\cdots,k$，便知$a^{n-1}\equiv 1 \pmod n$，故$n$是卡米歇尔数.　　证完

存在无限多个卡米歇尔数这一结果，1992年已经被Alford，Granville和Pomerance证明.

§3　一些初等的素性判别方法

费马小定理的逆定理虽然不成立，但人们发现，如果增加条件，可以得到类似的结果. 19世纪，卢卡斯得到了下面的素性判别定理.

定理1　设正整数$n>2$，$n-1=q_1^{\alpha_1}\cdots q_t^{\alpha_t}$，$\alpha_j\geqslant 1$，$j=1,\cdots,t$，$q_1,\cdots,q_t$是不同的素数，如果有整数$a>1$，使得

$$a^{n-1}\equiv 1 \pmod n，且\ a^{\frac{n-1}{q_i}}\not\equiv 1 \pmod n，i=1,\cdots,t，$$

则n是素数.

1975年，莱梅等对卢卡斯的结果稍加推广，得到了如下的定理.

定理2　设正整数$n>2$，如果对$n-1$的每一个素因子q，存在一个整数$a=a(q)>1$，使得

$$a^{n-1} \equiv 1 \pmod{n}，且\ a^{\frac{n-1}{q}} \not\equiv 1 \pmod{n}, \tag{1}$$

则 n 是素数.

证 只需证明

$$\varphi(n) = n - 1 \tag{2}$$

成立.

由于 $\varphi(n) \leqslant n - 1$，那么(2)成立等价于

$$n - 1 \mid \varphi(n) \tag{3}$$

成立.

如果(3)不成立，则存在素数 q 和 $r \geqslant 1$ 使得 $q^r \mid n - 1$，但

$$q^r \nmid \varphi(n). \tag{4}$$

由定理 2 的条件，有整数 $a = a(q) > 1$ 使得(1)成立. 设 a 对模数 n 的次数为 e，则 $e \mid n - 1$，但 $e \nmid \dfrac{n-1}{q}$，由此推出 $q^r \mid e$，又由第二章§3的定理 4 知 $a^{\varphi(n)} \equiv 1 \pmod{n}$，故 $e \mid \varphi(n)$，即得 $q^r \mid \varphi(n)$，与(4)矛盾，故(3)成立. 证完

不难看出，定理 2 的条件比定理 1 的条件容易满足一些. 定理 1 和定理 2 都要求 $n - 1$ 完全分解，对于很大的数，往往办不到，然而，在很多情况下，可以部分地分解. 这时，是否可以利用已分解的部分来作素性判别呢？这方面第一个结果是属于普罗兹(Proth)的. 我们有

定理 3 设 n 是奇数，若 $n - 1 = mq$，其中 q 是一个奇素数且满足 $2q + 1 > \sqrt{n}$，又如有 a 使

$$a^{n-1} \equiv 1 \pmod{n}, a^m \not\equiv 1 \pmod{n},$$

则 n 是素数.

证 因 $a^{n-1} \equiv 1 \pmod{n}$，$a^{\frac{n-1}{q}} \not\equiv 1 \pmod{n}$，类似定理 2 的证明，我们有 $q \mid \varphi(n)$，设 $n = p_1^{\alpha_1} \cdots p_s^{\alpha_s}$ 是 n 的标准分解式，则 $\varphi(n) \mid n \prod\limits_{i=1}^{s}(p_i - 1)$，故 $q \mid (mq + 1)\prod\limits_{i=1}^{s}(p_i - 1)$，即有某个 p_i，使 $q \mid p_i - 1$，由 $2 \mid q_i - 1$，故 $2q \mid p_i - 1$，由于 $n - 1 \equiv 0 \pmod{2q}$，则

有 $\frac{n}{p_i} \equiv 1 \pmod{2q}$，若 $n \neq p_i$，则 $\frac{n}{p_i} \neq 1$，故 $\frac{n}{p_i} \geqslant 2q+1$，$n = p_i \cdot \frac{n}{p_i} \geqslant (2q+1)^2 > (\sqrt{n})^2 = n$，得出矛盾，这说明 $n = p_i$，即 n 是素数. 证完

1914 年，波克林顿(Pocklington)进一步证明了以下的结果.

定理 4 设整数 $n > 2$，$n-1 = F_1R_1$，其中 F_1 是 $n-1$ 已经分解出的部分，R_1 是 $n-1$ 的未分解出的部分，$(F_1, R_1) = 1$，若对 F_1 的每个素因 q，存在整数 $a = a(q) > 1$，使得

$$a^{n-1} \equiv 1 \pmod{n}, (a^{\frac{n-1}{q}}, n) = 1, \tag{5}$$

则 n 的每一个素因子 p 都满足 $p \equiv 1 \pmod{F_1}$.

证 设 p 是 n 的素因子，e 是 a 对模数 p 的次数，则 $e \mid p-1$，由(5)，$a^{n-1} \equiv 1 \pmod{p}$，故 $e \mid n-1$，再由(5)，$(a^{\frac{n-1}{q}} - 1, n) = 1$，故 $a^{\frac{n-1}{q}} \not\equiv 1 \pmod{p}$，$e \nmid \frac{n-1}{q}$，因此 $q^{\alpha} \mid e$，其中 $q^{\alpha} \parallel F_1$，由此得 $q^{\alpha} \mid p-1$，因为 q 是 F_1 任给的素因子，故 $F_1 \mid p-1$，即 $p \equiv 1 \pmod{F_1}$. 证完

推论 如果奇数 n 满足定理 4 的条件，且 $F_1 > \sqrt{n}$，则 n 是素数.(留作习题)

1978 年，莱梅、勃雷尔哈特(Brillhart)等曾对定理 4 作了改进，由于条件较复杂，这里就不作介绍了.

第四章 §1 定理 2 告诉我们：如果 p 是一个奇素数，则对任意的正整数 n，$p \nmid n$，则

$$n^{\frac{p-1}{2}} \equiv \left(\frac{n}{p}\right) \pmod{p},$$

这是费马小定理的推广.

1976 年，莱梅证明了第四章 §1 定理 2 的逆定理也成立.

定理 5 如果 n 是奇合数，则存在一个正整数 a，$(a, n) = 1$，使得 $a^{\frac{n-1}{2}} \not\equiv \left(\frac{a}{n}\right) \pmod{n}$，这里 $\left(\frac{a}{n}\right)$ 是雅可比符号.

证 如果n含有因子p^α,p是奇素数,$\alpha>1$,取a为p^α的原根,且由孙子剩余定理,可要求$(a,n)=1$,由于$a^{\frac{n-1}{2}}\equiv\left(\frac{a}{n}\right)\pmod n$,推出$a^{n-1}\equiv 1\pmod n$,即$a^{n-1}\equiv 1\pmod{p^\alpha}$,可得$\varphi(p^\alpha)\mid n-1$,即得$p^{\alpha-1}\mid n-1$,但$p^{\alpha-1}\mid n$,故不可能,因此$a^{\frac{n-1}{2}}\not\equiv\left(\frac{a}{n}\right)\pmod n$.

如果$n=p_1\cdots p_t$,$t\geqslant 2$,$p_1,\cdots,p_t$为互不相同的奇素数,由孙子剩余定理,可取a_1,使得$\left(\frac{a_1}{p_1}\right)=-1$,而$\left(\frac{a_1}{p_i}\right)=1$,$i=2,\cdots,t$,则$(a_1,n)=1$,且$\left(\frac{a_1}{n}\right)=-1$,如果对每个满足$(a,n)=1$的$a$都有$a^{\frac{n-1}{2}}\equiv\left(\frac{a}{n}\right)\pmod n$,则有$a^{n-1}\equiv 1\pmod n$,取$g$为$p_2$的原根,且$(g,n)=1$,即得$g^{n-1}\equiv 1\pmod n$,以及$g^{n-1}\equiv 1\pmod{p_2}$,故$p_2-1\mid n-1$,对于$a_1$,我们有

$$a_1^{\frac{p_2-1}{2}}\equiv\left(\frac{a_1}{p_2}\right)\pmod{p_2},$$

以及

$$-1=\left(\frac{a_1}{n}\right)\equiv a_1^{\frac{n-1}{2}}=\left(a_1^{\frac{p_2-1}{2}}\right)^{\frac{n-1}{p_2-1}}\equiv\left(\frac{a_1}{p_2}\right)^{\frac{n-1}{p_2-1}}=1\pmod{p_2},$$

而p_2是奇素数,这是不可能的,故必有a使$(a,n)=1$,

$$a^{\frac{n-1}{2}}\not\equiv\left(\frac{a}{n}\right)\pmod n.$$

证完

莱梅这一结果的证明是非常简洁的.但不足的是,未指出当n为合数时,如何求a,以及有多少个a使$a^{\frac{n-1}{2}}\not\equiv\left(\frac{a}{n}\right)\pmod n$.如果用来做素性判别,对1到$n$之间的每个数$a$去检验$a^{\frac{n-1}{2}}\equiv\left(\frac{a}{n}\right)\pmod n$的计算量是$O(n\log^3 n)$.这个计算量太大了.可以证明:如果$n$是合数,则在1到$n$之间,至少有$\frac{\varphi(n)}{2}$个满足$(a,n)=1$的$a$使$a^{\frac{n-1}{2}}\not\equiv\left(\frac{a}{n}\right)\pmod n$.由此推出1到$n$之间至少有一半的

数 a 不满足 $a^{\frac{n-1}{2}} \equiv \left(\frac{a}{n}\right) \pmod n$. 这个推论可以产生一种素性判别的概率算法.

对任何输入 n,从 1 到 n 之间随机地抽取 k 个数 $a_1, a_2, \cdots, a_k$,逐个对 a_i 检验 $a_i^{\frac{n-1}{2}} \equiv \left(\frac{a_i}{n}\right) \pmod n$ 是否成立,若有某个 a_i 使同余式不成立,则断言 n 是合数,若对 $a_1, \cdots, a_k$,同余式都成立,则断言 n 是素数. 在这个算法中,a_i 的选取是随机的,而且结论的正确性不是完全确定的,故此种算法叫做**概率算法**. 这个算法的出错的概率是很小的. 因为,如果 n 事实上是合数,则随机地从 1 到 n 之间选取一个 a,a 满足 $a^{\frac{n-1}{2}} \equiv \left(\frac{a}{n}\right) \pmod n$ 的概率小于 $\frac{1}{2}$,因此出错的概率小于 $\frac{1}{2^k}$,加之这个算法的计算量很小,只有 $O(k\log_2^3 n)$,常被采用.

本章仅介绍了素性判别方法中很少一部分,用到的知识限于前五章的内容,有些较为复杂的以及用到知识较多的均未作介绍. 例如,本节介绍的卢卡斯、莱梅、波克林顿等人的素性判定方法,都是利用了 $n-1$ 的分解或部分分解,威廉斯(Williams)建立了利用 $n^2+1, n^2 \pm n+1$ 的因子作素性判别的方法,即使不加证明的叙述出这些结果,也要占去不少篇幅. 卢卡斯和威廉斯的方法对于 20 ～ 50 位的素数是有效的工具. 1983 年提出的 APR(Adleman, Pomerance and Rumely)素性判别方法,其计算量为 $O((\log_2 n)^{c\log_2\log_2\log_2 n})$,$c$ 为绝对常数,计算表明,对于 n 为1 000 位数作素性判别时,大约需 1 周时间的计算量.

§ 4　分解整数的费马方法和 Kraitchik 方法

与素性判别方法的产生一样,整数分解的方法的产生也是从研究合数的一些性质开始的. 我们已经多次提到这样一个简单的性质:如果 n 是合数,则 n 必为一不大于 $\sqrt{n}$ 的素数所整除.因此可以通过不大于 $\sqrt{n}$ 的所有素数去试除 n,来分解 n,这就是通常称作分解整数的试除法.这是最古老的整数分解的方法,然而其计算量很大.

费马注意到,如果给定的 n 是两个整数的平方差 $n = a^2 - b^2$,则 $n = (a+b)(a-b)$ 是 n 的一个因子分解.事实上,每个奇合数 $n = st$ 均可表为平方差 $n = st = \left(\frac{s+t}{2}\right)^2 - \left(\frac{s-t}{2}\right)^2$.那么对于给定的正整数 n,如何把 n 表成两个数的平方差呢?最原始的方法就是逐个考察,从 $b = 1$ 开始,依次考察 $n + b^2$ 是否平方数,如果 n 是奇合数,一定有某个 b,使 $n + b^2 = a^2$,且 $n = (a+b)(a-b)$ 是真分解.这就是费马方法.用这个方法,只有当 n 有两个几乎相等的因子时,才比较快.因为当有两个因子 $a+b$ 和 $a-b$ 几乎相等时,$b = \frac{1}{2}((a+b)-(a-b))$ 就很小,即从 1 开始逐个试验的次数就少.例如,设 s 是一个奇数,$n = s(s+2)$,则 $b = 1, a = s+1$,试除法对于分解具有小因子的整数比较有效,而费马方法对奇合数 $n = st$,其中 s 和 t 都比较接近于 $\sqrt{n}$ 时有效.但是即使把试除法和费马方法结合起来使用,要作到把 n 完全分解通常是非常困难的.

勒让德首先注意到,若一个奇数 n 是合数且至少有两个不同的素因子,则 $x^2 \equiv t^2 \pmod{n}$ 至少有四个解,其中 $x \equiv \pm t \pmod{n}$ 是两个平凡解,另外的解就称为非平凡解,若对同余式 $x^2 \equiv t^2 \pmod{n}$ 找到一个非平凡解 s,则 $(s+t, n)$ 或 $(s-t, n)$ 都是 n 的真因子.这是因为 $n \mid (s+t)(s-t)$,但 n 不是 $s+t$ 和 $s-t$ 当中任一个的因子,所以 $1 < (n, s+t) < n, 1 < (n, s-t) < n$.例如,$n = 21, 21 \mid 10^2 - 4^2 = 14 \cdot 6, 21 \nmid 14, 21 \nmid 6, 21 = (21,14) \cdot (21,6) = 7 \cdot 3$.

在 20 世纪 20 年代,Kraitchik 提出用较小的数来凑成 s 和 t 的值.例如 $n = 111$,超过 111 的第一个平方数为 11^2,考虑数列 $Q(x)$

$=\langle x^2\rangle_{111}(x=11,12,13,14,15,16,\cdots)$,得到:

$$10,33,58,85,3,34,\cdots,$$

注意到

$$11^2\equiv 10=2\cdot 5\ (\mathrm{mod}\ 111),$$
$$14^2\equiv 85=5\cdot 17(\mathrm{mod}\ 111),$$
$$16^2\equiv 34=2\cdot 17(\mathrm{mod}\ 111),$$

故

$$(11\cdot 14\cdot 16)^2-(2\cdot 5\cdot 17)^2\equiv 0(\mathrm{mod}\ 111).$$

即

$$59^2-22^2\equiv 0(\mathrm{mod}\ 111),$$
$$81\cdot 37\equiv 0(\mathrm{mod}\ 111),$$

$(37,111)=37,(81,111)=3$,故 $111=3\cdot 37$. Kraitchik 对费马方法的改进,成为近代整数分解算法如连分数法、二次筛法、数域筛法的基础.

§ 5 连分数法和二次筛法

Kraitchik 方法的本质是让 x 通过整数$[\sqrt{n}]+1,[\sqrt{n}]+2,\cdots$,使得 x^2-n 的乘积凑成平方数 t^2,如果对应的 x 的值为 s,则 $s^2\equiv t^2\ (\mathrm{mod}\ n)$,然后希望 $s\not\equiv\pm t(\mathrm{mod}\ n)$. 勃雷尔哈特和莫利逊(Morrison)发现了一个方法,用来寻求一个给定序列的子序列,使其乘积为平方数. 对每一个正整数 m,由 m 的因子分解可以得到一个指数向量$\boldsymbol{v}(m)$. 设 p_i 为第 i 个素数,并且 $m=\prod\limits_{i=1}^{\infty}p_i^{v_i}$(对于给定的 m,只有有限指数不为零). 指数向量$\boldsymbol{v}(m)$ 就是向量$(v_1,v_2,\cdots)$. 例如用 Kraitchik 方法分解 $n=2041,[\sqrt{n}]+1=46$,设 $Q(x)=x^2-n$,令 $x=46,47,48,49,50,51,\cdots$,得到序列

$$75,168,263,360,459,560,\cdots$$

对于子序列

$75 = 3 \cdot 5^2, 168 = 2^3 \cdot 3 \cdot 7, 360 = 2^3 \cdot 3^2 \cdot 5, 560 = 2^4 \cdot 5 \cdot 7$

略去从第5位开始的诸分量，得到它们对应的指数向量分别为

$$\boldsymbol{v}(75) = (0,1,2,0),$$
$$\boldsymbol{v}(168) = (3,1,0,1),$$
$$\boldsymbol{v}(360) = (3,2,1,0),$$
$$\boldsymbol{v}(560) = (4,0,1,1).$$

我们要计算这一子序列的各整数相乘是否平方数，只与指数向量的各分量的奇偶性有关，因此，我们有

$$\boldsymbol{v}(75) \equiv (0,1,0,0) \pmod 2,$$
$$\boldsymbol{v}(168) \equiv (1,1,0,1) \pmod 2,$$
$$\boldsymbol{v}(360) \equiv (1,0,1,0) \pmod 2,$$
$$\boldsymbol{v}(560) \equiv (0,0,1,1) \pmod 2,$$

从而

$$\boldsymbol{v}(75) + \boldsymbol{v}(168) + \boldsymbol{v}(360) + \boldsymbol{v}(560) \equiv (0,0,0,0) \pmod 2.$$

所以 $75 \cdot 168 \cdot 360 \cdot 560$ 是一个平方数 $2^{10} \cdot 3^4 \cdot 5^4 \cdot 7^2$.

$$s = 46 \cdot 47 \cdot 49 \cdot 51 \equiv 311 \pmod{2041},$$
$$t = 2^5 \cdot 3^2 \cdot 5^2 \cdot 7 \equiv 1416 \pmod{2041},$$

因为 $311 \not\equiv \pm 1416 \pmod{2041}$，用辗转相除法计算 $(1416 - 311, 2041) = 13$，于是 $2041 = 13 \cdot 157$. 勃雷尔哈特和莫利逊建议选择某个数 B，只考虑序列中素因子均落在前 B 个素数中的那些数. 如果我们能找到 $B+1$ 个这样的数，我们在 B 维向量空间 F_2^B 中就有 $B+1$ 个向量，由线性代数可知它们必定线性相关. 因为在有限域 F_2 中是模2运算，F_2 中只有0和1两个数，线性相关关系正好就是其中一部分向量之和 mod 2 为 0. 在线性代数中有许多算法，如高斯消元法求这样的相关组. 如果找 $B+2$ 个这样的数，那么对应的 $B+2$ 个向量，就能得到若干组，每组含 $B+1$ 个向量是线性相关的，这样更有可能得到 $s \not\equiv \pm t \pmod n$. 前面的例子在 $B = 4$ 时，取4个向量就满足要求了.

我们把素数 $p_1, p_2, \cdots, p_B$ 叫做**因子基**.

有时会用负整数作为辅助的数,如何处理它们的指数向量?可以在指数向量中增加一个分量,对正数这个分量取 0,而对负数则取 1,相当于把问题的维数增加 1. 用 $Q(x) = x^2 - 2041$ 和因子基 2,3 和 5,我们有

$$Q(43) = -192 = -2^6 \cdot 3 \leftrightarrow (1,0,1,0),$$

$$Q(44) = -105(\text{有因子 }7,\text{不在因子基中}),$$

$$Q(45) = -16 = -2^4 \leftrightarrow (1,0,0,0),$$

$$Q(46) = 75 = 3 \cdot 5^2 \leftrightarrow (0,0,1,0),$$

其中第一个坐标表示 (-1) 的指数. 这里我们的因子基选了较小的素数,但是允许用负数. 这样,我们用三个向量便得到了它们是相关的,即 $(43 \cdot 45 \cdot 46)^2 \equiv (-192)(-2^4) \cdot 75 \pmod{2041}$,便有 $1247^2 \equiv 480^2 \pmod{2041}$,这又给出了 $(1247 - 480, 2041) = 13$.

设 $\sqrt{n}$ 的简单连分式展开式为

$$a_0 + \cfrac{1}{a_1 + \cfrac{1}{a_2 + \cdots + \cfrac{1}{a_m + \cdots}}}$$

令 $\dfrac{p_m}{q_m}$ 为它的 m 次渐近分数,熟知,$p_m^2 - nq_m^2 = (-1)^{m+1} Q_{m+1}$,故 $p_m^2 \equiv (-1)^{m+1} Q_{m+1} \pmod{n}$,其中 Q_{m+1} 可用简单递归关系推出(参看[1]). 于是将 $(-1)^{m+1} Q_{m+1}$ 在给定的因子基上分解,给出相应的指数向量,(允许负整数作为辅助的数),再求出一组模数 2 相关的向量组,使得 $s^2 \equiv t^2 \pmod{n}$,$s \not\equiv \pm t \pmod{n}$,便得到 n 的一个真分解. 勃雷尔哈特和莫利逊用连分数方法,于 1975 年在计算机上成功地分解了当时屡攻不克的费马数 $F_7 = 2^{2^7} + 1 = 2^{128} + 1$,它是一个 17 位的素数与一个 22 位的素数相乘.

1983 年,受厄拉多塞筛法的启发,鲍门伦斯(Pomerance)提出了分解整数的二次筛法. 这是连分数方法的改进. 连分数方法在给定的因子基上分解 $(-1)^{m+1} Q_{m+1}$ 时,用试除法,这样计算量很大.

二次筛法的第一步仍然是选定一组因子基：$p_1, p_2, \cdots, p_B$. 二次筛法和 Kraitchik 方法一样，通过在因子基上分解诸整数 $Q(x) = x^2 - n$, $x = [\sqrt{n}] + 1, [\sqrt{n}] + 2, \cdots$，来寻找 s, t，满足 $s^2 \equiv t^2 \pmod{n}$ $s \not\equiv \pm t \pmod{n}$，从而分解 n，显然设 $p \nmid n$，当 p 是奇素数时，存在整数 x 使 $p \mid Q(x)$ 当且仅当 $\left(\frac{n}{p}\right) = 1$，这样因子基中奇素数 p_j，如果 $\left(\frac{n}{p_j}\right) = -1$，则不选.

二次筛法的计算过程为：

1) 对每个因子基中的素数 p，用 p 去除 $Q(x) = x^2 - n$ $(x = [\sqrt{n}] + 1, \cdots, [\sqrt{n}] + p)$，对能被 p 整除的那些值，求出 $\frac{Q(x)}{p}$（因子基中所选的素数 p 必须使得 p 至少整除其中一个 $Q(x)$）.

2) 如果有 x_0 使 $p \mid Q(x_0)$，则 $p \mid Q(x_0 + kp)$，所以其后第 kp 个值自动地被 p 整除，$k = 1, 2, 3, \cdots$.

3) 用 1) 和 2) 对 $Q(x)$ 进行"筛选"，直到这些值最后完全被分解，其所有素因子在因子基中.

4) 筛法不仅可以对 $Q(x) = x^2 - n$ 进行，也可以对更一般的二次多项式 $(ax + b)^2 - n$ 进行，这样就可以把计算工作分散到不同的计算机上去做.

5) 最后，给出相应的 F_2 上的指数向量，得到一个 F_2 上的矩阵，求出其线性相关部分.

例　用二次筛法分解 $n = 4033$.

对于 $p \leqslant 19$ 的奇素数中，除开 $\left(\frac{4033}{5}\right) = \left(\frac{4033}{11}\right) = -1$ 外，均有 $\left(\frac{4033}{p}\right) = 1$，取因子基为 2, 3, 7, 13, 17, 19,

x	x^2-n	2	3	7	13	17	19	筛选结果	分解结果
64	63	—	21	3	—	—	—	3	$3^2\cdot 7$
65	192	96	32	—	—	—	—	32	$2^6\cdot 3$
66	323	—	—	—	—	19	1	1	$17\cdot 19$
67	456	228	76	—	—	—	4	4	$2^3\cdot 3\cdot 19$
68	591	—	197	—	—	—	—	197	
69	728	364	—	52	4	—	—	4	$2^3\cdot 7\cdot 13$
70	869	—	289	—	—	17	—	17	$3\cdot 17^2$
71	1008	504	168	24	—	—	—	24	$2^4\cdot 3^2\cdot 7$
72	1151	—	—	—	—	—	—	1151	

如果筛选结果剩下的数很小，这些数已经在因子基上分解成功，其对应指标向量构成 F_2 上的矩阵

$$\begin{array}{c} \\ 64\\65\\66\\67\\69\\70\\71\end{array}\begin{array}{c}\begin{matrix}2&3&7&13&17&19\end{matrix}\\ \begin{pmatrix}0&0&1&0&0&0\\0&1&0&0&0&0\\0&0&0&0&1&1\\1&1&0&0&0&1\\1&0&1&1&0&0\\0&1&0&0&0&0\\0&0&1&0&0&0\end{pmatrix}\end{array}$$

显然，

$$(0,0,1,0,0,0)+(0,0,1,0,0,0)\equiv(0,0,0,0,0,0)(\bmod 2),$$

$$(0,1,0,0,0,0)+(0,1,0,0,0,0)\equiv(0,0,0,0,0,0)(\bmod 2),$$

分别得出

$$(65\cdot 70)^2-(2^3\cdot 3\cdot 17)^2\equiv 0\ (\mathrm{mod}\ 4\ 033),$$
$$(64\cdot 71)^2-(2^2\cdot 3^2\cdot 7)^2\equiv 0\ (\mathrm{mod}\ 4\ 033),$$

即得

$$(4\ 550-408)(4\ 550+408)\equiv 0\ (\mathrm{mod}\ 4\ 033),$$
$$(4\ 544-252)(4\ 544+252)\equiv 0\ (\mathrm{mod}\ 4\ 033).$$

均可得出：$(4\ 550-408,4\ 033)=109$，$(4\ 544+252,4\ 033)=109$，故 $4\ 033=37\cdot 109$.

二次筛法比连分数方法的分解速度更快一些，1994 年众多的计算数论专家，利用 Internet 网共同分解了在 1977 年提出的一个有关 RSA 的 129 位数，它是一个 64 位的素数和一个 65 位素数的乘积，其分解算法就是用的二次筛法，其因子基有524 339个素数，最后经过处理的 F_2 上的矩阵仍然相当大，有188 346行和188 146列，但最终分解成功.

1988 年，鲍纳德(Pollard)提出了整数分解的数域筛法. 这个方法是通过一些代数数域的代数整数环来求 $s^2\equiv t^2\ (\mathrm{mod}\ n)$. 1990 年，人们用数域筛法成功地分解了 $F_9=2^{2^9}+1$，其中分解了一个 148 位的合数，然而 F_9 是一个特殊形状的合数，所以用二次筛法分解的有关 RSA 的 129 位数，仍然保持着纪录，直到 1996 年，一个大的工作队伍用数域筛法分解了一个 130 位的 RSA 数，这表明分解超过 130 位的数，用数域筛法比用二次筛法更好. 由于需要较多的代数数论知识，数域筛法以及 1985 年提出的分解整数的椭圆曲线法，本章不准备介绍了. 在最后一节中我们将介绍分解整数的 $p-1$ 法.

§6 $p-1$ 法

$p-1$ 法是一个分解整数的重要方法，它是鲍纳德 1974 年提出的. 这个方法的基本思想如下：

设 n 是一个给定的合数，$p|n$，p 是 n 的一素因子，对任意整数

$a,(a,p)=1$,由费马小定理 $a^{p-1}\equiv 1\pmod p$. 如果 $p-1\mid M$,则 $a^M\equiv 1\pmod p$,故 $p\mid(a^M-1,n)$,或 $p\mid(\langle a^M-1\rangle_n,n)$,这说明 $(\langle a^M-1\rangle_n,n)>1$,如果 $(\langle a^M-1\rangle_n,n)\neq n$,则 $(\langle a^M-1\rangle_n,n)$ 就是 n 的一个真因子. 因为通常 n 的素因子 p 并不知道,如何来选择尽可能小的 M,使得 $p-1\mid M$?对于 n 具有较小的素因子 p 时,我们设 $p-1\leqslant B$,那么,存在 k, $1\leqslant k\leqslant B$,使 $p-1\mid k!$,这样可取 $M=k!$,因此,可连续计算 $\langle 2^{k!}-1\rangle_n$, $k=1,2,\cdots,B$.

例 设 $n=2479$,取 $a=2$,我们计算 $\langle 2^{k!}-1\rangle_n$ 和 $(\langle 2^{k!}-1\rangle_n,n)$.

$$\langle 2^{1!}-1\rangle_n=1,(1,n)=1,$$
$$\langle 2^{2!}-1\rangle_n=3,(3,n)=1,$$
$$\langle 2^{3!}-1\rangle_n=63,(63,n)=1,$$
$$\langle 2^{4!}-1\rangle_n=1822,(1822,n)=1,$$
$$\langle 2^{5!}-1\rangle_n=617,(617,n)=1,$$
$$\langle 2^{6!}-1\rangle_n=222,(222,n)=37.$$

因子 37 是在 6 步之后发现的, $37-1=36=2^2\cdot 3^2$, $36\nmid 5!$,但 $36\mid 6!$,因此 $37\mid 2^{6!}-1$.

如果在发现 n 的非平凡因子前,就出现 $\langle a^{k!}-1\rangle_n=0$,此时, a 可换一个值.

如果 n 较大, $(\langle 2^{k!}-1\rangle_n,n)$ 常常为 1,因此不需要每步都计算,令 $a_k\equiv 2^{k!}\pmod n$,则 $a_{k+1}\equiv a_k^{k+1}\pmod n$,设 $Q_1=\langle(a_1-1)(a_2-1)\cdots(a_{10}-1)\rangle_n$, $Q_2=\langle(a_{11}-1)(a_{12}-1)\cdots(a_{20}-1)\rangle_n,\cdots$,通过计算 $(Q_1,n),(Q_2,n),\cdots$,可以提高计算速度. 有时,也可以用最小公倍数 $[1,2,\cdots,k]$ 来代替 $k!$.

对于某些合数 n,它含有这样一些素因子 p,使 $p-1$ 由较多的小素数相乘,这样的 n 用 $p-1$ 法分解往往比用连分数法或二次筛法更有效.

第六章 习　题

1. 验证 217 是一个底为 5 的伪素数. 它是一个卡米歇尔数吗?

2. 验证 1105 是一个底为 3 和 2 的伪素数.

3. 证明 341 不是一个卡米歇尔数.

4. 证明: 如果费马数 F_n 是一个合数, 则 F_n 是一个以 2 为底的伪素数.

5. 证明: 如果 p 是一个素数, 且 2^p-1 是一个合数, 则 2^p-1 是一个以 2 为底的伪素数.

6. 设 $m>0$ 且 $6m+1, 12m+1$ 和 $18m+1$ 是素数. 证明 $n=(6m+1)(12m+1)(18m+1)$ 是一个卡米歇尔数.

7. 用卢卡斯素性判别法证明4 093 是素数.

8. 证明 F_4 是素数.

9. 判别 823 001 是否素数.

10. 设每位都是 1 的 n 位数记为 R_n, 如 $R_1=1, R_2=11, R_3=111$, 等等. 证明 R_{19} 是素数.

11. 如果 $m|n$, 证明 $R_m|R_n$.

12. 用费马方法分解以下整数:

① 2573;

② 164009;

③ 1070549.

13. 用二次筛法分解以下整数:

① 17819;

② 87463.

14. 分解 F_5.

15. 用 $p-1$ 法分解 115943.

16. 分解 R_{17}.

17. 设 $\langle m, s\rangle$ 是一个 RSA 公开密钥体制, 密钥为 h. 证明: 如果已知 h, 则可以有效地分解 $m=pq$.

名词索引

名词后面的节号,表示该名词出现的章节号,比如§1.1表示第一章§1,下同.

八画

九画

十画

十一画

十二画

十三画

十四画

参 考 文 献

［1］华罗庚．数论导引．北京：科学出版社，1957

［2］闵嗣鹤，严士健．初等数论　第二版．北京：高等教育出版社，1982

［3］柯召，孙琦．谈谈不定方程．上海：上海教育出版社，1980

［4］柯召，孙琦．初等数论 100 例．上海：上海教育出版社，1980

［5］孙琦，郑德勋，沈仲琦．快速数论变换．北京：科学出版社，1980

［6］Ireland K，Rosen M．A Classical Introduction to Modern Number Theory．New York：Springer-Verlag，1982

［7］Hecke E．Lectures on the Theory of Algebraic Numbers（英译本），New York：Springer-Verlag，1981

［8］Gupta H．Selected topics in Number Theory，Lucan，Co．Dublin：Abacus Press，1980

［9］Apostol T M，Introduction to Analytic Number Theory，New York：Springer-Verlag，1976

［10］孙琦，旷京华．素数判定与大数分解．沈阳：辽宁教育出版社，1987

［11］孙琦，万大庆．置换多项式及其应用．沈阳：辽宁教育出版社，1987

［12］Menezes A J，Blake I F，Gao X，Mallin R C，Vanstone S A，Yaghoobian T，Applications of Finite Fields．Boston：Kluwer Academic Pablishers，1993

郑 重 声 明

责任编辑　杨芝馨
封面设计　于文燕
版式设计　马静如
责任校对　李　艳
责任印制　耿　轩

图书在版编目（CIP）数据

数论讲义. 上册/柯召，孙琦编著. --2 版. --北京：高等教育出版社，2001.1（2025.12重印）
ISBN 978-7-04-008831-1

Ⅰ.①数… Ⅱ.①柯…②孙… Ⅲ.①数论-高等学校-教材 Ⅳ.①O156

中国版本图书馆 CIP 数据核字（2012）第 006734 号

出版发行	高等教育出版社	网　址	http://www.hep.edu.cn
社　址	北京市西城区德外大街4号		http://www.hep.com.cn
邮政编码	100120	网上订购	http://www.landraco.com
印　刷	山东韵杰文化科技有限公司		http://www.landraco.com.cn
开　本	850mm×1168mm　1/32		
印　张	6.125	版　次	1986 年 2 月第 1 版
字　数	140 千字		2001 年 1 月第 2 版
购书热线	010-58581118	印　次	2025 年12 月第23次印刷
咨询电话	400-810-0598	定　价	10.50 元

本书如有缺页、倒页、脱页等质量问题，请到所购图书销售部门联系调换。

物 料 号　8831-00